城市规划与艺术

On Urban Planning and Art

颜亚宁 著

中国建筑工业出版社

PROLOGUE

自　序

城市规划与艺术，是贯穿古今（世界）城市发展史的命题，同时也是艺术与文明进程的命题。城市规划与艺术所寻求的是人类对自身生存空间与城市文化特性的定位。

以前，我在描述一座城市、一座建筑物或古迹时，也许，脑海中想出的形容词，只限于"繁华"、"壮观"、"漂亮"等有限几个。然而，如果从艺术的角度出发，特别是在欣赏、崇敬并陶醉于我所喜爱的城市之后，就能够从内心中迸发出千言万语，描写城市、建筑物或古迹：

优雅的，华丽的，大气而壮阔的，创新性的，虔诚的，神圣的，激动人心的，善于唤起人们感情的，稳固的，色彩丰富的，令人印象深刻的，具有韵律美、自然美、雕刻美、音乐美、抒情浪漫美、文化气质美、综合美的，光辉的，有秩序的，崇尚大自然的，有机生长的，愉悦的，热情的……

提到艺术，人们一般想到音乐、绘画、雕刻、建筑等具体的形态，它们给人们带来视觉的、听觉的美感和想象力。

艺术不是仅限于具体的形态的，艺术还有它的延伸的含义，即：关于人类的精神方面的含义和作用。正如文艺复兴时期一样，人们不仅关注具体的文化、艺术的形态（音乐、绘画、雕刻、建筑等）上的进步，而且还强调人性的解放，强调人的主体性、积极能动性，强调人是能做一切的。文艺复兴将人的命运的掌控权，从宗教的约束中解放出来了。

艺术可以是人们对自身的愉悦感的表达，可以是对自我内心的热情的理智表达。表达的形式，是充满艺术感、美感的。从这种意义上说，艺术就是人类自身的一种唯美的、积极向上的映照。

本书在描述城市规划与艺术的渊源、形态、结构、演变等方面，力求深入浅出，令读者产生美好的联想，并涉及绘画、雕刻、文学等艺术的各个方面。

本书的不同之处在于：没有在广泛默认的"城市规划"语境下，将其具体的分支内容一一列出再讨论其与艺术的关系，而是通过艺术的视角，反观哪些内容属于城市规划的范畴之内，从一个"艺术与美"的切面上，放眼世界和历史，梳理出城市规划这一人类生存发展的永恒不变的主题之精髓和规律。本书试图向大家展示人类的城市规划涉及了古往今来多么广博的领域，凝聚了多少位大师们的努力和传承，既包括城市规划、建筑学方面的大师，也包括艺术大师。本书也不是对城市规划领域的百科全书式的罗列，而是更多关注城市规划的成果——被建造完成的城市。本书关注历史上的城市的艺术美感，探讨其中涉及的城市规划理念（例如物质形体布局）。对于规划指标规范、实操步骤、法规涉及较少。

因为是讨论艺术与美，所以本书关注了人的需求，探讨城市规划如何为人提供美的视觉环境和舒适、欢愉的感觉。如果读者能够在这一主题上，有所理解和领悟，获得美的体验和愉快的欣赏经历，那么本书的目的就达到了。

为什么会选择"城市规划"这个题目来讨论呢？一是因为城市与人类如何生活得更好是息息相关的。二是因为笔者希望读者把城市规划与自身的愉快的感受和体验密切地联系起来，就会更加体会、认识、欣赏我们所生活的、所去过的或所规划过的城市。这样，我们就会更加热爱城市，具有把它变得更加美好的希望、信心和动力。

为什么不仅谈"城市与艺术"，还要谈城市规划与艺术的关系呢？

首先，因为城市规划，特别是物质形体规划，直接与视觉等艺术相关。在建成的城市中，外观和感觉的设计，对于居民来说，是至关重要的，居民直接感受到的就是视觉效果。城市规划成果的表达也要求具有美感和艺术性。在一些大尺度规划中，艺术和美的原则也越来越得到强调，如大地景观、城市整体艺术感的塑造、整座城市艺术的综合规划等。它们可以使城市更加具有个性。

其次，自然生态与历史文化保护规划日益得到重视。大自然给了我们艺术与美的启示，让我们更好地发展城市。城市民间文化、艺术、城市精神、城市性格等物质文化或非物质文化遗产，也越来越受到高度的关注。

第三，城市策划、规划立意、形象创意、方案设计等过程，均与艺术有关，需要创造力和想象力。

城市规划，正如文艺复兴画作中的"理想城市"一样，是人类对城市的精神上的企盼。人类基于精神、信仰、审美、哲学、科学思想的基础上而进行的选址城市、布局城市、建造城市、改造城市、发展城市、塑造城市特性、塑造城市人的生活方式，满足统治、防御、经济和管理的需要，追求秩序，保护自然，最终为人类（市民）或神灵（精神的寄托）创造更好的居所……这一切的过程，都是城市规划。

所以，城市规划这门科学与艺术，事实上自从很久远的古代开始就存在了。

亚里士多德把城市定义为："人们拥有共通的生活、实现高贵目标的场所。"英国城市规划大师昂温在其著作《城镇规划实践——设计城市与郊区的艺术入门》中引用了莱舍比的话："艺术，是把需要做的事做到最好。"城市规划的艺术，就是为了人们实现高贵目标，而把事情做好。那么，城市中的高品质、人类的高级审美目标，一定是城市规划的艺术可以实现的。我们应找出哪些是与城市规划有关的、哪些是通过城市规划可以实现的。

人类创建城市的历史已经十分悠久，从雅典卫城，到古罗马，这些城市是人类文化艺术的精髓与标杆。世界历史文化名城，也是城市规划与艺术的缩影。城市是文化的容器，城市规划与艺术也是当今时代进程中应该关注的课题。

CONTENTS

目　录

CHAPTER 1

URBAN PLANNING AND ART:
INTERACTION OF HUMAN'S RATION
AND EMOTION

第 1 章

城市规划与艺术
——人类理智与情感的相互扶持

人类觉醒的时代，第一道脚印就是建造生存的空间，建造生命与生活所需的容器，摆脱洞穴石窟，从而构筑城市，建造神庙与宫殿，用雕刻、绘画、建筑、音乐来营造"艺术与美"的空间，世代相传。这个起步点，标志着人类文明。这个规划与建构的起跑线，标志着人类文明进程已经进入艺术与文化的轨道运行。

莎草纸、羊皮纸、手抄本年代的文化形态是靠手写心记来传递的，那个时代的人坚信"心"是有情的，也是有"灵"的，称为心灵，就是心心相印，灵感相通中传递着艺术与美。于是人类由此起步，以此为基，开始告别了潮湿的半地穴和冷寂的岩洞，挺身而立寻找自身的灵性和生命的支撑——城市规划与艺术。

1.1 人类自我与自身尊严的空间定位
SPATIAL ORIENTATION OF HUMAN'S EGO AND DIGNITY

城市规划是宏观调控的艺术，同时也是微观精致营造的艺术。城市规划的美学内涵与艺术含量，日益受到高度关注和思考。

时代的发展和社会的进步，促使人们更加关注城市规划的功能与作用，从生存空间到城市文化形象；从城市文化容量，到生态环境的美化——城市规划应该成为城市复合功能与文化形象的艺术构造。

"城市是文化的容器"，是刘易斯·芒福德的名言。纵观世界城市发展史，有一条基本定律，完美的城市规划，通过艺术，具备完美的综合布局和整体的结构形态。

完美的城市规划提升了城市整体的文化形象，完善了城市综合功能，使生存空间充满艺术气息。

从古到今，城市规划有一条主线、一个轴线，即城市所依存的生态文明，生态环境与城市文化容量的空间构成，城市经过统一规划而呈现完美的艺术境界。世界名城正是因为城市规划与艺术的高度和谐，文化精神与自然生态的共融，才能使城市的规格达到世界高度，成为永恒的象征。

城市规划是整个城市生存与发展的坐标与"定位系统"。这种时空的坐标与定位系统，是建立在科学与艺术精神之上的。

威尼斯鸟瞰

水城威尼斯

影响古罗马规划建设的哈德良皇帝

把城市的美感、秩序与规范、环境与空间、自然生态和城市功能、城市的优势特色与人文艺术资源统筹规划，归纳成为一种具有艺术美感和复合功能的空间系统——这就是城市规划的使命；这就是城市规划的艺术。

在时代发展的文明高度上，构建自然生态与城市形态完美和谐的空间定位系统，是高规格的城市规划的历史使命。

在历史发展的文化积累与当代扩展城市文化容量的交汇点上，把城市改建、扩建与保护城市的文脉有机结合起来，通过城市规划，扩充城市的文化容量。

通过城市规划，推进城市气息和城市文明，把自然环境、空间的情境，融入城市的结构布局，构建艺术气质的空间生态系统，还原人的生存空间，以高度的艺术格局和文化规模构建城市的文化高度，组合成完美的城市交响乐章。

高规格的城市规划本身就是艺术。无论是城市形态的空间体系，还是城市功能的扩展和升华；无论是自然生态还是人文环境；无论是城市的精神气质，还是城市的文化形象，都是建立在艺术理念的规划之中给予定位的。

城市规划已有几千年的历史。公元前2000多年，城邦、城市的格局就已经形成在羊皮上的古老的城市规划图，成为可以考据的规划史，但本书的写作不再重复关于城市发掘考古学的研究成果和历史数据。我们的目光还是关注容易被忽视的主题：城市规划与艺术。

构建城市，使人步入了文明状态：城市是立体的文化创建，也是依文化而再创建的人类可以建构的城市文明高度。

构建城市文明的标志，就是人的城市规划。从古希腊雅典卫城，到古罗马的永恒之城；从信仰时代的哥特式，到巴洛克泛美的辉煌——人类通过完美的城市规划，塑造了自身的文化高度与文明的至尊。人类从城市的发展和演变中不断寻找人类尊严的空间定位……

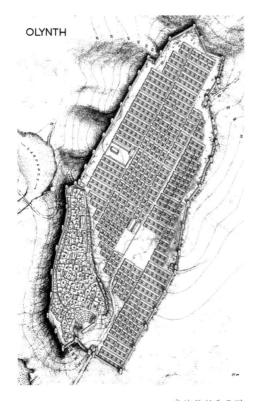

OLYNTH

奥林瑟斯平面图

埃及底比斯神殿

人通过艺术，通过规划，通过文化的贯通开拓了精神视野，在爱琴海的雅典卫城，智慧女神雅典娜点燃艺术的圣火，照亮人的心灵，通过音乐之美，数学之美，雕刻之美，诗篇之美，绘画之美，几何运算之美，哲学与艺术之美去发掘人类城市规划与建构的巨大潜力——最早的城市规划是一种神圣的创建：人类理智与情感的结晶，科学精神与艺术境界的结晶。

"城市是文化的容器"，人类构建城市最早是用于营造更美好的容纳神灵的空间；而后又进一步营造容纳心灵的空间，纵横交汇，支撑人的宇宙高度，支撑城市的核心尺度——人的尺度。这一点已为达·芬奇描绘的著名的"人体比例"所确认。

人是万物的尺度——古希腊的名言是对人的精神本质的最高定位；对人的精神视野与文化智慧的最美定位；对人的心灵与心情的最精确定位。如果人类是以文化与艺术为生命进程的导向，那么城市规划就是人类对自身的定位了，是对人类自我与自身尊严的空间定位。

说得具体一些，人的存在需要空气，需要阳光，需要遮风避雨，需要居住空间，需要美的生态环境，需要生活舒适，需要乐业安居，需要情境相依，需要明亮的窗、绿茵的花园，人要避免污染，避免弥漫的尘埃，避免无序的杂乱……从现实生活的角度思考，完美的规划可以控制冗繁的杂乱，还原给人的生活与生命一个理想的港湾：生存的更美好家园……城市规划离人的生活与生存，并不遥远：它就在你身边。

雅典帕提农神庙

图拉真纪功柱上的浮雕

佩特拉（Petra）古城

闪米特（Semitic）古城帕尔玛（Palmyra）遗迹

帕赛波利斯（Persepolis）古城遗迹

光色的交响

萨莫瑟雷斯的胜利女神（Winged Victory）

　　时光流逝，人类城市发展史已有数千年。今天我们要重新解读生存空间的密码："城市规划与艺术"。

　　人类面对的除了时空转换、记忆的流转和时过境迁，还有什么？人类无法面对的是由于人的失误而造成的"规划败笔"。

　　言归正传。城市规划与艺术的基本要点：

　　（1）构建人的生存与生命舒适的空间体系。

　　（2）构建科学与艺术精神引导的、生态与心态和谐完美的自然环境与城市文明。

　　（3）构建城市功能的合理运行系统，使能源、自然条件、文化资源等，得到宏观调控的秩序。

　　（4）通过艺术，扩充城市的文化容量。

　　（5）通过有效而可行的规划，定位城市的优势特色，保护城市历史文化遗存的古迹，但改建和扩建不得以损毁文化资源为代价。

　　（6）依照国际城市规划的法规运行操作规划方案，比如《雅典宪章》、《威尼斯宪章》和《佛罗伦萨宪章》。

　　（7）维护城市规划的美学原则和艺术规范，以科学精神为指导，避免盲目性和盲从失误。

　　世界在变，时空在变，城市在变，规划也在变。

　　从 19 世纪开始，工业革命开启了新的变化的时代，艺术流派纷呈，标奇立异，彰显时尚潮流；城市，特别是历史较短的新兴城市，进入了一个"花样"城市形态的"流变的时代"。

　　从崇尚神灵的信仰时代，人类走过"理性的时代"、"唯美的时代"、"分析的时代"、"机械的时代"、"个性化的时代"、"摩登时代"，继而迈进了"流变的信息时代"。

　　世界加快了旋转速度。时代在流量中飞行。

流量的速度比时间更快的时代来临。

我们重新解读人类觉醒的密码——势在必行。我们重新思考被"流量"带走的"人类对于艺术与美"的定义，寻找城市规划与艺术的定律和密码——或许还来得及思考寻找和定位人类尊严的秘密在哪里？

无论我们走到哪个国度的世界名城，我们都可以在博物馆、市政厅和大学的图书馆里见到城市规划与艺术的相关文献，这些作品像智慧的明灯一样，启示着后人的才智，应用于城市规划与艺术的研究与资源开发。

"借古以开今"。普罗米修斯的神圣智慧之光必将照亮历史文明长河的历程。要想真正遵循先贤开创之路，就要沉潜心智思维，感悟名城之美资源的学术之源。

雅典女神像柱

埃及卡夫拉王（Khafre）河岸神殿遗迹

1.2　城市规划与艺术之起源概说——古埃及、古巴比伦、古希腊
ORIGIN OF URBAN PLANNING AND ART: ANCIENT EGYPT, BABYLON AND GREECE

世界城市规划史的艺术思想之源

　　城市规划与艺术，这是一个古老而又新奇的命题。它是世界城市文化史、规划史最古老的话题；从古罗马维特鲁威的时代，城市规划与艺术见于《建筑十书》等历史文献，这一命题就成为世界名城之美的核心。巴洛克规划把古典美学扩充到全世界，城市规划在奥斯曼巴黎规划里"显灵、显圣、显奇"，让全世界关注巴黎。在此之后，城市规划正式作为一门科学，取得了科学意义上的定型和定位。

　　城市规划发展成为一门科学是 19 世纪确立的，典范当然是奥斯曼巴黎规划的成功，让全世界看到了什么才是"真正的城市规划"……

　　古希腊雅典卫城，人类城市规划史上

古城遗韵

巴别塔（Pieter Bruegel de Oude 作）

古代沙罗金城浮雕

的最高里程碑之一，首先确立了艺术与美的城市规划原则。雅典文明的圣火是引导文化艺术与文明的，在那个时代，整个的时代精神与生活方式都围绕"艺术与美的生存"而确立起时代坐标。"艺术与生活"是魂梦相依的，与"数字化生存"累人累心的方式不同，雅典的"艺术化生存"，

给全世界以启示。支撑生存与生命空间的是艺术；支撑构建生存空间的城市规划，依然也是艺术。以艺术为基准，以艺术为基点，这个古典美学的尺度，在古希腊时代就确立了。

这是世界城市规划史的美学思想之源。从此，城市规划就找到了灵源，找到了规划作为智能宏观调控的艺术的主旋律，找到了精神价值的轴心。人们不仅发现了城市规划史文脉的核心，更重要的是获得了艺术与美的空间系统，空间体系形态结构的轴心——人的尺度。

人的尺度，从外在形态分析，是比例均衡、数学之美、音乐之美（达·芬奇的人体比例图形复制了维特鲁威的原理，把维特鲁威的理论画成视觉完美的图像，其根源是亚里士多德的名言："人是万物的尺度"）。古希腊雅典卫城所承载的美学思想内涵，开启了城市规划与艺术的智慧之源，人类从此发现并确立了自身的宇宙高度，通过艺术去达到神圣，通过艺术，把自身提高到神圣，把人类的理智与情感提升到神圣地步。

雅典娜

古代沙罗金城浮雕

埃及古城遗迹

古埃及

　　距今约 4000 年前的古埃及卡洪城，已经较早地运用了直线型的规划布局，此例是早期城市规划的经典。古埃及的城市具有神庙中心性或以金字塔建造为中心的特征，后者具有共通的特征——源自宫殿的南北向轴线和源自神庙的东西向轴线。约公元前 2570 —前 2500 年的古埃及吉萨（Giza）的劳动者村庄采用了方格网状的布局。

　　古埃及的城市强调神性，直线型、十字轴线或方格网状的布局皆因神性而产生，被认为是有意识规划的早期实例。

古埃及拉美西斯二世（Ramesses II）葬祭殿

古埃及卢克索神庙 (Temple of Luxor) 的中庭及柱廊

埃及塞拉皮斯（Serapis）之柱

古巴比伦城——最早的城市之一

　　据文献记载和考古发掘，古巴比伦指公元前 3000 年的系列古城，主要有乌尔城、巴比伦城和新巴比伦城，有宫殿和神庙、九座城门、山岳台和马尔都克神庙，中央轴线尽处是黄金的神像。神庙正对夏至日出的方向，以此为中心确定全城规划布局系统。新巴比伦国王还为王后筑造了空中花园，希腊人称之为世界七大奇迹之一。巴比伦是当时世界最富丽的城市之一，规划布局壮观。公元前 2 世纪，巴比伦沦为废墟。除此之外，还有尼尼微城，有神庙和观象台。科萨巴德城（Khorsabad）古称沙罗金城（Dur Sharrukin）。城市呈正方形，面积约 289 公顷，四个城角朝向东西南北的正方位。科萨巴德宫殿建在西北城的中段，有一半凸出到城墙外，另一半在城内。整座宫殿连同山岳台都建在高达 18 米、边长 300 米的方形土台上。台上筑建有高大

　　第十八王朝的法老奥克亨那坦（Akhenaten）选择了在距底比斯 275 公里的阿马尔那（Amarna）建造埃及的新都城。在古碑文中记载着奥克亨那坦对这座都城的规划布局思想。

　　古埃及的法老在选址城市、安排建造

的过程中重视"与宇宙天神的融合"，这是人类早期的理想化的规划思想，是城市规划与艺术的早期表现。法老有意识地将城市提升到神圣的高度，通过规整的布局形式向空灵的宇宙献礼，留下了令后人赞叹的、具有庄重和神秘美感的建造成就。

乌尔城遗址

巴比伦废墟

古巴比伦遗迹

的宫墙和宫门。宫城外有皇城，皇城有贵族和官员的宅邸。标准的皇家城市格局已经确立。

　　西方城市规划之源，渊源久远。追溯巴比伦荒漠中的断垣残壁，流沙漂移中沉寂着远古城市的史迹，城垣雕刻的残片，宫殿神庙的古迹碎片，铭刻在构件上的象形文字与图形延续着记忆。巴比伦的城市，大多已被翰漠流沙所掩埋，几千年的流沙却掩埋不了早期城市规划智慧之光。流沙冲刷不掉莘莎纸上古老的巴比伦古城规划的辉煌，像金字塔一样屹立在世界城市规划史的源头。

　　那个时代的人没有现代人忙乱中的自我欣赏与崇拜。人类最早构建的巴比伦城市体系，显示着人的信仰是面向宇宙，面向阳光、月亮诸神的，用不同的色彩象征不同的星象，崇拜神灵。

　　在大英博物馆，在考古发掘的相关文献中，我们可以寻找到人类城市规划的荣光与梦想。巴比伦的古城遗迹，流逝几千年的沉沙，在考古挖掘的历史记忆中诉说着世界城市规划起源的美好与沧桑，城市

的轮廓，城市的形成，游吟诗人在弥漫的流沙中吟咏古老城市的诗篇。

佩特拉（Petra）古城遗迹鸟瞰

科隆大教堂

人类长期延续的历史积累过程

人类历史上伟大的建筑都是经过长时间的耐心垒砌而成，历史是世世代代循序渐进的发展过程：包括城市规划与构建是一个长期延续的实施过程。

圣彼得大教堂及广场历时 120 年才建成，规划设计者米开朗琪罗没有亲眼见到他的伟大构想建成的辉煌就去世了，当然，比起英年早逝的拉斐尔（38 岁），米开朗琪罗活到了 90 多岁。

文艺复兴有两个含义的"复兴"：一个"复兴"是以托斯卡纳的佛罗伦萨为据点，开创了"文艺复兴"以"艺术、人文精神"为核心的伟大的复兴；另外一个"复兴"，是欧洲的知识分子合法化规划（包括城市规划）。主要据点是在佛罗伦萨、罗马、威尼斯等地。彰显欧洲城市规划的先驱在维特鲁威规划体系上的完美构建。

探寻人类早期的城市规划，都是通过艺术来构建人在宇宙空间中的坐标的。哥特式耸入云天的尖塔通向神圣的天际线，导入宇宙星空，象征精神的超凡入圣。数学之美、音乐之美指引心灵依托圣灵，是人类理智的骄傲，音乐与数学之美，支撑起信仰时代的宇宙时空。从 1248 年开始兴建，历时 600 年，到 1880 年才建成的德国科隆大教堂，有可能是人类建设史上最为持久漫长的伟大工程。在音乐之美与数学之美的神秘启示之下，人类用了 600 年的耐心构建了永恒的工程，以 600 年时间建造了一座世界城市规划与艺术史上的丰碑！人类的心灵与智慧，曾经多么的虔敬……

世界上为什么有那么多艺术奇迹、伟大的城市和永恒的名城？结论可能很简单：那个时代的人心灵总是依存"圣灵"，

具有方格网状有意识规划的古希腊普南城（Priene）

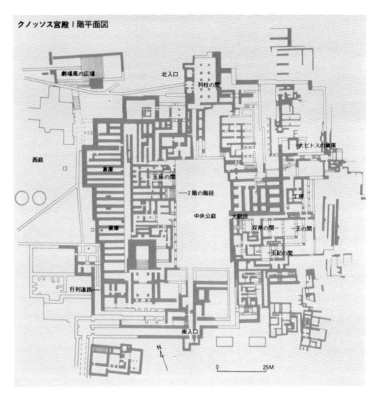

希腊科诺索斯（Knossos）宫殿平面图

大英博物馆中的古希腊神庙　　　　　　希腊克里特岛的古城遗址

人心不乱，"文心"不散，才凝聚成情感与智慧的象征——世界名城艺术奇观。

古希腊哲学中自然资源与艺术资源的连带

养育艺术的多种条件，丹纳在《艺术哲学》里确认为自然资源，并以此说为据，列举实证。丹纳是自然主义艺术哲学的代表。

丹纳的《艺术哲学》的主导思想，是在反复论证山势水源，自然条件是滋养艺术的土壤和灵源。从尼罗河，到巴比伦；从爱琴海雅典神庙，到中世纪经院哲学；从古罗马永恒之城，到佛罗伦萨文艺复兴的起源；从信仰时代手抄本圣经，到圣彼得大教堂西斯廷的宏伟壁画；从威尼斯画派的光与色的交响，到伦勃朗荷兰画派沉稳笔触中的含金量；从卡拉瓦乔的雕塑般影像，到拉图尔圣洁的烛光……丹纳艺术哲学把自然资源与艺术资源的连带关系看

科林斯的阿波罗神庙

雅典卫城

手执七弦琴的阿波罗 (Apollo Citaredo)，古希腊雕像

哥特式精美建筑的奇观

希腊战神（Mars）雕像

雅典卫城俯瞰

亚里士多德

凝望雅典

作一个"艺术的生态系统",似乎也是延续了古希腊自然主义哲学。

"我们整个现代思维方式完全是以希腊思维为基础的。因为它是某种特殊的思维方式,是多少世纪以来随历史发展而发展的思维方式,不是普通的生活方式,而是关于自然的唯一可能的思维方式。"(《自然与古希腊》,Nature and the Greeks & Science and Humanism, P.82)

在古希腊经典著作中,可以找到自然主义哲学与思维构建的文献痕迹,这就是赫拉克利特的残篇。我们周围的真实世界和"我们自己"(即我们的心),都是由相同的建筑材料制造的,都是可以构建空间序列的相同的砖石,只是以不同的顺序排列:感觉—形象记忆—想象—思维(当然还有"映象")。在科学与艺术的思维基点上,物质只是元素而不是其他东西构成的(而这些元素是精神可以感知的)。与感觉相比,想象力和思维起了日益重要的作用。

我们可以认为这些元素,构成了我们每个人的心,也构成了物质世界。甚至人体的运动也像谢灵顿所说的是"自动的"。

世界是壮美的。艺术与美的支撑使人类的规划更加符合人心的倾向与万物相融。关于我们生存的世界的知识结构的空间体系,我们所了解的科学与艺术体系,是在漫长的历史演进中形成的。

城市规划与艺术是人类文明高度的界碑。在这个领域中包含着人类的艺术理想和人类的智慧。不同于一首歌和一幅画,而是用时间和生命建构的恒星。

希腊——世界城市文化的摇篮之一

雅典卫城和帕提农神庙是世界文明史上的界碑,标志人的觉醒所能支配的宇宙空间高度。"人是万物的尺度",肯定和确认了人的精神高度和人性的自尊。希腊诸神也都是按人的形象塑造的。众所周知,希腊艺术是最缺乏神秘感的艺术。然而正因为如此,它反而成为艺术的奥秘所在。希腊艺术是自然主义的,没有神秘,没有简化,没有任何概括,只有"完美的表现"。

其实,"完美的表现"正是科学与艺术的本质。

希腊艺术崇尚哲学思想的"人是万物的尺度",将人体完美的形象塑造推向了形式语言表现力的极致,达到了美学典范无法逾越的高度。

　　菲迪亚斯就像是美学秩序中类似于圣保罗的存在。艺术遗迹的命运总是超越艺术本身，带给我们关于自身的信息。无论是克里特岛的科诺索斯城，还是阿尔格利斯岛的梯林斯城和迈锡尼城，人们从故城史迹中都发现了人的雕像、首饰、花瓶、浅浮雕的残片以及绘画残片。《迈锡尼女郎》（公元前 13 世纪末发现于迈锡尼卫城）、阿伽门农的金面具（公元前 16 世纪，高 31.5 厘米）、"手执双鱼的美男子"（湿壁画），都代表着当时的艺术高度。梯林斯城和科诺索斯城的断壁残垣之下存留的精美壁画，表现了极高的湿壁画绘画水准。

　　这也是世界城市文化史伟大的里程碑。希腊是世界城市文化的摇篮之一。

　　荷马的史诗，米隆的雕刻，阿里斯托芬（Aristophane，约公元前 445 —前 386 年）的戏剧，菲迪亚斯的雕像，通过艺术而复活的希腊神话，开启了人文竞技之源的奥林匹克，毕达哥拉斯的数学之美，亚里士多德的哲学思想，柏拉图的"理想国"，智慧女神雅典娜，普罗米修斯的火炬……世界上再也没有任何地方，在叩问智慧时

柏拉图

希腊埃伊纳岛（Aegina）的神殿遗址

古希腊苏尼恩海岬（Cape Sounion）的波塞敦（Poseidōn）神殿

古希腊雕刻《诸神与巨人族的战争》（局部）

《迈锡尼女郎》壁画残片

如此的精彩，如此的明朗，充满人性的艺术力量。人类依靠艺术创造的高度，而彰显人类精神的宇宙支撑力。仿佛是爱琴海上的明灯，照亮航程。

希腊的神庙实现了最明确、最精确、最敏锐、最坚决的智慧组合。在对于宇宙平衡的永恒追求中，希腊特有的教育使其在发展精神灵性的同时，注重发展体育竞技体能与智能。

希腊建筑作为希腊城市文化的主体，是最早出现的。为了建造生活与爱的庇护所，人们第一次求助于自己拥有的才能：希腊人在自然构造中发现了逻辑，又从逻辑中慢慢推演出法则，而这些法则令他们得以按照宇宙规律组织生活。

科林斯柱式将厚重的石块支撑至柱上楣构，许多立柱经历数千年而不倒。多立克柱式至今依然可见其魅力。智能的组合，把音乐之美、数学之美，造型艺术之美融汇成希腊艺术空间系列之美。多元素的融合，开启了世界名城之美的先河。

菲迪亚斯的古代雕像

毕达哥拉斯

仰望帕提农神庙

阿波罗

荷马

阿里斯托芬

古希腊舞蹈之神特尔西科瑞 (Terpsichore)

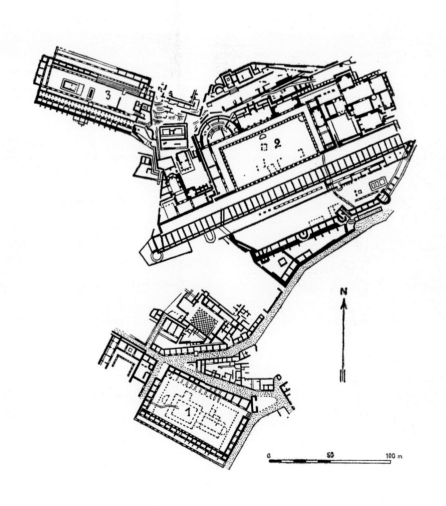

古希腊城邦帕加马（Pergame）平面图

雅典人始终热爱雕琢大理石。公元前6世纪的雅典雕刻大师安都伊奥斯依然延续爱奥尼艺术的传统。希腊的综合艺术思想酝酿出复合形式的空间构建体系，成为城市规划史的美学典范。

人类活动中神秘的延续性正是因为美与艺术的内在联系才使美学规范世代相传。希腊艺术与建筑奇迹，试图唤醒人类存在的生命之美、理智与情感之美、科学与艺术融汇之美。人类精神得以通过卓越的努力与神圣的法则相连。浩渺的宇宙或许最终也要以城邦为蓝图圣境，同时拥有

智慧和美丽作为人类自身命中注定的精神力量，可以使自然产生奇迹。这是雅典的启示。

理想美的典范，神与人的关系，形式与精神的平衡在城市规划与艺术的综合构建中显示出世界的高度。

艺术来自人类本身。正如目光、声音和呼吸一样。艺术处于某种清醒的热情之中，托起艺术信仰的纯净与虔诚，艺术是信奉的真正神灵。艺术确信自己拥有提高人性美学高度的神秘力量……

神庙是希腊城市灵魂的缩影。

雕刻、绘画、音乐、舞蹈以及所有智慧的造型艺术都全力围绕着它，装饰着它。神庙的建筑细节是艺术语言的精彩表现。神庙体察了数学之美的法则，这是它的天赋，数字法则伴随高耸的柱身共同挺立在雅典卫城。

数学与音乐之美，控制着柱基和额枋之间的垂直迁移，并悬仡于三角楣上，随着时光转换而变幻不同的色彩。空间中的线条韵律永远连贯而明确，像竖琴的琴弦奏出和谐的乐章。

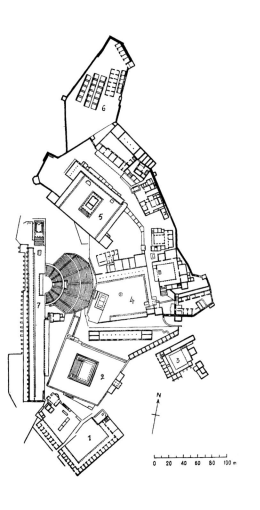

帕加马卫城

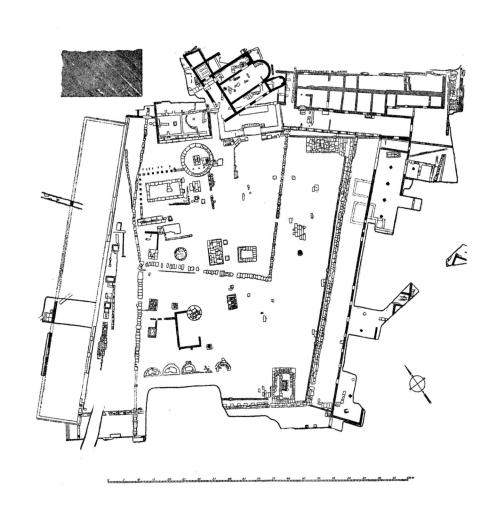

古希腊萨索斯岛（Thasos）广场平面图

ARTISTIC CITIES IN THE WORLD

第 2 章

世界名城的美的分析

第 2 章 "世界名城的美的分析"将从美的角度介绍、分析世界名城，以期为考察城市本身与艺术的联系提供参考、奠定基础。

本章选取的有代表性的世界名城，都是蕴含着美感的。所选取的城市（或城镇），有的是世界文化遗产，有的出现在福布斯的"最美城市名录"中，有的是举世公认的山水名城。

这些被选取的城市，或具有自然美，或具有雕刻美、音乐美、抒情浪漫美、文化气质美，或具有艺术—科学—文化的综合美、智慧美，共同向城市建设中注入了艺术感，让城市放出了光芒。针对每个城市，笔者将从多个角度进行介绍、分析。通过阅读本章，读者可以在城市与美的联系方面，形成一个初步的、感性为主的认识。

2.1　世界著名水城：威尼斯

VENICE

水天一色威尼斯

视觉美（二维）

威尼斯的城市规划整体极具艺术感。这座水中的世界名城，波光倒影间映现出迷人的艺术美感。建筑、河道、桥梁贯穿其间。威尼斯充满了教堂、市政和别墅建筑，具有优美和谐的建筑空间布局，别具韵律感。威尼斯的建筑群，色彩格调统一和谐，古老的建筑在河岸临界处以整体的壁面而达到完美和谐，以桥梁贯穿，在水面波光中浮现神妙的美感。

从平面形态的角度来看，运河仿佛将城市切割，分析威尼斯的地图，发现运河两侧往往是连续的精美的宫殿立面。下面以学院桥周边为例进行说明，从中提炼出的美感，在威尼斯处处可见。

学院桥（Ponte dell' Accademia）周边，桥头是威尼斯美术学院，从学院桥向东的

600 米河道两旁，分布着由威尼斯哥特式和巴洛克式的两座宫殿组成的 Palazzo Barbaro、佩姬·古根海姆美术馆（Peggy Guggenheim）、哥特式的 Palazzo Genovese 宫（目前为豪华酒店）、皮萨尼宫 Campo Pisani 音乐学院、Pal Corner Della ca Granda 等 12 座宫殿建筑。从运河向两岸深入，就能发现城市被一排排更细的街道、河道分割，呈现为成排的曲线形状，仿佛像是一只只橙色的布匹飘带，随风摇曳、形态舒展而自由，但又都仿佛系在一根绳子上，而且长度、宽度都差不多，因此又是整体上有美感的、不杂乱的。在"飘带"的端头（如前所述的紧挨着河道的两侧），都是较重要的建筑——宫殿、美术馆、学院等。"飘带"上还印有一些方块图案——那是绿地、广场。艺术学院美术馆（Gallerie dell' Accademia）—学院桥—圣斯德望广场（Campo Santo Stefano）—圣 Angelo 广场这一

系列，就隐约形成了一条轴线，但这条轴线不是笔直的，广场也是不规则的多边形，这种错落的布局，产生了一种独特的意境，与修一条笔直大道的理念截然不同。

威尼斯是一座建立在潟湖中的水城，拥有 183 条河道、124 个岛屿。人们在生活中与水打交道，因此从人的角度来看，更能体会到其中精心的规划与设计。

视觉美（三维）

威尼斯的三维的视觉美，在于水景+广场+教堂的画面感。如果从人在城市中观看的三维角度来看，应当关注的当属水景，而威尼斯的水景往往和教堂、广场搭配出现，就形成了其他城市少有的画面。下面举 3 个例子来加以介绍。

位于卡斯特罗区的圣凡尼保罗大教堂建筑群，其西面、南面都是水道，北面朝向广阔的海面。南面的圣凡尼保罗大教堂，是意大利哥特式砖砌建筑物，它的立面是威尼斯文艺复兴时期的杰作。一些教堂建筑后来被改作医院的附属物。从谷歌地球上可以看出，教堂的尺度非常大，其西侧组成了长达 300 米的统一的立面，与医院一起组成了大型的公共建筑群，具有丰富的屋顶形式，制高点为穹顶结构。大型公共建筑群也塑造出了威尼斯大型广场之一的圣凡尼保罗广场。从照片里可以看出，在这里，水景、广场、教堂共同组成了一个交融的建筑空间，行人、小桥、步道、骑马雕像、教堂、广场组成一个整体，狭小的空间精致，贴近人的尺度。人们可踱

步走上桥观景，或者在小广场的座椅上喝上一杯咖啡。

另一个是圣乔治·马焦雷岛。从谷歌地球上看，它位于威尼斯南部，岛上几乎一半的面积是森林，岛上的教堂配有许多的庭院绿地。在森林之中建有一座半圆形的露天剧场，具有强烈的艺术感。最近，岛上的花园迷宫开放，用来纪念诗人Borges，这让人在游历的过程中体验到艺术，将艺术融入室外空间。河水、小岛、船只、森林、园林、剧场、教堂等各种景

威尼斯安康圣母圣殿

威尼斯鸟瞰

圣凡尼保罗大教堂建筑群

日落后的威尼斯

威尼斯大运河

映衬日光呈现金色的威尼斯建筑立面

雨后的威尼斯圣马可广场

中观尺度的威尼斯城市美

从威尼斯圣马可广场向海望去　　　　威尼斯圣马可广场鸟瞰

雨后的威尼斯圣马可广场

观的组合，让这里呈现出特有的艺术魅力，也成为艺术家争相进行创作的对象。如 Zanin Francesco 的作品《Veduta dell'isola di San Giorgio Maggiore》。

第三个打算介绍的是圣马可广场。圣马可广场是威尼斯城市中心非常显著的一个标志。广场南面面朝广阔的亚德里亚海，广场大致呈现一个"┓"的形状。广场由四周的多组建筑围合而成，包括总督府（Palazzo Ducale）、图书馆（Libreria Sansoviniana）、博物馆（Museo Archeologico）、圣马可教堂、钟楼等，这里还配置有一片绿地，皇家花园（Giardini Reali）位于新行政官邸大楼的南侧，并且设有一条水系环绕（Rio dei Giardinetti）。

图书馆竣工于 1582 年，现为圣马可国家图书馆、考古博物馆，其立面上刻有精美的古希腊众神的雕像。总督府为威尼斯哥特式建筑，现作为博物馆开放。图书馆与总督府之间的两座石柱，象征着城市之入口大门。广场的北半部，建有新、旧行政官邸大楼及市民博物馆，行政官邸大楼是严格的古典主义建筑，加上中间的市民博物馆，三座建筑相连而呈"匸"形（正北朝上方向俯瞰），并且也与圣马可钟楼（Torre dell'Orologio）连为一体。

圣马可广场是一个沿海的广场，形态上仿佛向海面敞开了怀抱，欢迎大海的进入（有时海水会倒灌入广场）。如果站在广场上，向海面望去，可以眺望海对岸的圣乔治·马焦雷岛，更奇特的是这是一个没有沙滩的"海滩"。建筑、广场、立柱，直接与大海对接，产生了一种"码头"的效果，而这个"码头"是最为宏伟、精湛的人类建筑成就之一。当广场被水浸时，与其说是"水灾"，不如说孕育出了更多的建筑、广场与水"亲密"接触的如诗如画的景象。教堂和塔楼在水中的倒影、在"水景"和夜晚的灯光下的休闲座椅，让人难以忘怀，这是建筑与水的交响曲，是一幅人类与水共生的欢乐画面。

威尼斯圣马可广场圣殿

威尼斯大运河上的五彩贡多拉

金碧辉煌的威尼斯圣马可广场圣殿

《威尼斯》，颜亚宁作，北京大学收藏

城市中的艺术——威尼斯画派

从威尼斯画派中，从艺术家描绘和表达的视觉感受中，我们就能够欣赏、领略到威尼斯这座城市的艺术魅力和审美价值。

威尼斯的水波泛着五彩的光，深深溶进了古典建筑物的石块，从浪尖延伸到云端，将建筑物与精美的雕塑染上海藻的颜色，仿佛梦幻与天然的交响，同时在海水和天空中浸染浪漫与抒情。

威尼斯凭借着令人目眩的荣光和声色，吸引了来自各地的建筑师们。意大利的建筑复兴在威尼斯寻到了发挥美的理想沃土，根植于水色天光间的整座城市，在威尼斯画派作品里得到美的表现。

建筑群沿水而立，随水曲折，狭长的运河构建在房屋之间，临水而居，仿佛向那波光水面吟咏、歌唱，在波纹闪光和水声伴奏的乐曲中，舟船桥梁星罗棋布，桥梁好像是纽带，把整座城连接成优美的城市交响曲，威尼斯的整体艺术感，体现了城市规划与艺术的完美和谐。

弗朗西斯科·瓜尔迪（Francesco Guardi），《威尼斯总督参拜圣母堂》（The Doge of the Venice Goes to the Salute）

加纳莱托（Canaletto），《在升天节返回莫洛的大划艇》（The Bucintoro Returning to the Molo on Ascension Day）（局部）

真蒂莱·贝里尼，《圣马可广场的列队》
（Procession in St. Mark's Square）

雅各布·贝里尼，是威尼斯绘画的创始人。

威尼斯画派以色彩交响诗般的奇妙绘画著称于世，把永恒元素的精神特质和视觉美感融入画面与空间，把美的理想和抒情浪漫色彩还原。

威尼斯城本身就是奇妙的艺术作品，威尼斯特有的豪华富贵的精神气质，游吟诗人一样的贡多拉船夫，豪华的建筑群从水中升起，水中映像的是舟船、桥梁、乐队、戴着各色面具的艺人、演奏乐器的游吟诗人，欢乐的节日，鼓乐齐鸣，月光映照威尼斯，灯光如耀眼的银河。

从乔万尼·贝里尼到乔尔乔内，威尼斯画家用光色交响来构建绘画艺术，以迷人的色彩谱写了辉煌的乐章。

威尼斯美术学院，就坐落在学院桥桥畔，船靠岸就可以进入这所学院，这所学院藏品中有许多达·芬奇的手稿画作，包括《维特鲁威人》（"人体比例"）和达·芬奇的自画像。

乔万尼·贝里尼、乔尔乔内、提香，开创了威尼斯画派的光色交响，将色彩感染力发挥到美的极致。光线和威尼斯的天空，光色变幻……威尼斯的灵魂被定格在威尼斯画派的经典作品中。

真蒂莱·贝里尼（Gentile Bellini），《十字架的奇迹》

雅各布的两个儿子为威尼斯人注入了浪漫主义元素，乔万尼诞生于他所处的城市，他在水色波光中寻找美感的视觉形式，并把创意与浪漫情调凝聚在完美的形式中。

威尼斯的城市风貌是威尼斯画派的主题，我们可以从这些绘画中窥见威尼斯的历史风貌。威尼斯的荣耀通过威尼斯画派的经典作品而流传在文明史中，乔万尼、卡巴乔、提香、委罗内塞、乔尔乔内、丁托列托，这样一批伟大的画家精心描绘了

历史上的威尼斯城。从中我们可以看到这座文艺复兴时代的水城和商业城市的繁华热闹场景，具有拱廊的水桥是威尼斯的重要特点。

绘画和壁画出现在宫殿、教堂里，威尼斯的艺术财富之一就是这些经典的绘画，描绘宴会和节日、舞蹈、音乐。森林、泉水、田园，海天一色。

提香的色彩令人沉醉，他以精湛的笔触和色彩把宇宙和谐之美的元素融进绘画，透过丰富的色阶，构建了威尼斯抒情

浪漫的城市气息与沉醉迷狂的境界。《田园协奏曲》是传世名作，提香以此声名鹊起。交响乐在色彩中传递韵律，声波光色互相渗透，音乐和光色构成了神奇的乐章。提香把色彩提升到了超凡境界。

提香的宏伟构图，他的风景画、裸体画是独特的表现，是一个英雄时代的开端。威尼斯之美，这座城市的热情浪漫、奢华富贵，生活与艺术的美全都体现在提香的作品中。

提香风靡了一整个世纪，提香崇拜拉斐尔，从他的作品可以看出对人性与爱的歌颂，即便是裸体也被赋予了超凡的意蕴与格调，歌颂生命与爱的圣洁美丽……提香的色彩表达了他的全部生活，体现了永恒之美。

提香，《神圣与世俗的小爱神》

乔尔乔内（Giorgione），《暴风雨》

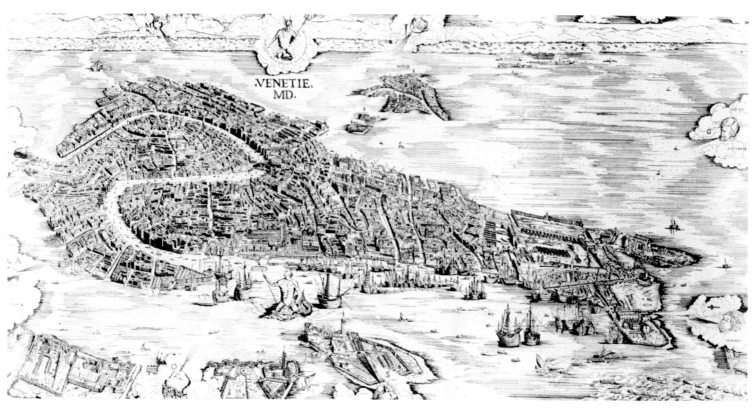

威尼斯古地图

威尼斯圣马可广场总督府

加纳莱托（Canaletto），
《从大运河望见总督府与圣马可广场》

加纳莱托，
《从叹息桥望向卡福斯
卡里宫的大运河风景》

维托雷·卡尔帕乔（Vittore Carpaccio），
《Meeting of the Betrothed Couple and the
Departure of the Pilgrims》（局部）

这一小节的标题之所以叫"城市中的艺术"，是因为这里不是从城市本身的二维、三维角度中提取美，而是城市之中就已经孕育、发展出了某种艺术形态。就威尼斯来说，我们关注了威尼斯画派。威尼斯固然还有许多其他的艺术形态或设施——如众多的美术馆、博物馆、威尼斯的音乐、面具等，但以一个城市而命名的画派，无论如何都是值得首先关注的。

描绘威尼斯的作品可谓汗牛充栋，在绘画方面，威尼斯孕育了大量的绘画家。威尼斯画派的一大特点是"绘画的装饰性"。威尼斯画派的画作中，蓝天、绿水、建筑和谐搭配，这得益于威尼斯美丽的城市风光、丰富的城市色彩。

提香，《田园协奏曲》

提香，《圣母进入圣殿》

贡多拉

威尼斯桥之美——里亚托桥

跨越狭窄河道的小桥

威尼斯画派的另一些代表性的画作，
例如加纳莱托的风景画《从大运河上望见
总督府与圣马可广场》《从叹息桥望向卡
福斯卡里宫的大运河风景》，也有一些宗
教题材的作品，如真蒂莱·贝里尼（Gentile
Bellini）的《圣马可广场的列队》《十字架
的奇迹》（Gentile Bellini），以及威尼斯画派
的丁托列托（Tintoretto）创作的以圣马可
为题材的系列作品，无不取材、取景于这
座城市，也赞美了这座城市。

安东涅塔·布兰德斯（Antonietta Brandeis），《威尼斯的桥》

城市设施的美——船舶和桥梁

威尼斯在城市设施（路桥）及交通工
具方面也具有高度的美感。

威尼斯最具代表性的是"贡多拉"小
艇。它的形态特征，读者一定已经十分熟
悉了。马克·吐温的《威尼斯的小艇》中
有对其精彩的描写。这种两头尖尖的小船，
如一轮新月，穿梭在狭窄的水道中，又像
漂浮在碧波上的一片树叶。这种小尺度的、
精巧的船承载着历史，与威尼斯的安静、
惬意、静谧的街巷环境非常吻合，因此具
有其他现代船舶所体现不到的美感。从威
尼斯画派的绘画作品中，可以看到贡多拉
的造型丰富、色彩艳丽，尤其节庆活动时
被装饰的"贡多拉"，无不带有威尼斯的
盛会气氛和贵族气息。

威尼斯圣马可广场俯瞰

威尼斯拥有 430 多座桥梁，桥连着桥，城市里不能行驶机动车，桥梁是步行系统中的十分重要的组成部分，同时也是部分市政工程管线跨越水系的通道。

画家陈逸飞的作品《威尼斯的桥》中，将桥、河道、建筑、贡多拉一起展示出来。画中的威尼斯的桥，具有一种其他地区（包括中国的水乡）比较少见的特殊尺度。它所跨越的河道非常狭窄，两侧的建筑距离很近几乎快要靠到了一起（相对于两侧的建筑的高度而言）。在这样的尺度下，桥给人的感觉就不再是一个征服大自然的成就或交通通道，而是一种附着在河道上、建筑间的装饰品，就像城市中的雕塑、景观小品一样。

威尼斯的叹息桥

威尼斯的桥体现出了威尼斯城精巧、典雅的风格。如著名的叹息桥、里亚托桥、学院桥、斯卡尔齐桥。威尼斯的桥是贡多拉穿行的美妙空间，是人们巡游城市的路径，桥梁所在之处，都是这座水城的各种景色的交融之地。威尼斯的桥，源于城市中的水运交通的需求，但是最终达到的效果，是功能性与美观性的完美统一。

2.2　世界著名水城：斯德哥尔摩
STOCKHOLM

视觉美（二维）

斯德哥尔摩是瑞典的首都，是一座水城（或者可以说是"海上的城市"）。从空中俯瞰，斯德哥尔摩是在海湾水面上漂浮的岛屿。海面是内化于城市的一部分，但海面也将城市中的各个地区很大程度上分离开来，老城（Gamla Stan）、北马尔姆、南马尔姆（Sodermalm）、船岛（Skepps-Holmen）、斯堪森（Skansen）是几个隔海相望的分离的组团。

这个城市的公园和绿地就和它的木建筑一样多。由此可以想到，斯德哥尔摩的

斯德哥尔摩南马尔姆区

斯德哥尔摩一瞥

二维的视觉美，就在于绿树所占的比例相对大一些，海、树、城相互交融。

海：碧蓝的水面，清澈得可以游泳，水岸空间是人们放松、散步、游玩的活跃地点。

树：既有覆盖整个岛屿的森林，也有团状分布的绿地，"镶嵌"在城市中。

城：立面色彩辉煌、丰富，建筑高度普遍较低，市政建筑及教堂的尖顶耸立在建筑群之中。

南马尔姆区是位于斯德哥尔摩的老城以南的岛屿，曾经是一个工人阶层聚集的地区，目前伴随着老城的绅士化，这里已成为拥有多元文化、房价昂贵的象征精英阶层居住的地区。南马尔姆区是海中漂浮的一整座岛，从平面形态上看，岛上由半圆形的道路将方格网状的街区包含在内，方格网状的街区让人想起工业区具有的兵营式布局，但又错落有致，让人从影像图中能感到拼图一般的平面构成的手法。位于南马尔姆区中央的，是标志性的半圆形建筑物，构成了绿化广场，半圆形建筑物呼应了南马尔姆区整体的半圆形道路的格局。

此外，建筑屋顶颜色丰富，不止有灰、蓝、红、白色，还有建筑周围的绿地的淡绿色，相映成趣。

从空中俯视斯德哥尔摩

斯德哥尔摩鸟瞰　　斯德哥尔摩滨水空间鸟瞰

水天胜境——斯德哥尔摩

美丽的斯德哥尔摩群岛

斯德哥尔摩老城鸟瞰

视觉美（三维）

斯德哥尔摩是一座适合海上乘船欣赏的城市，人们能在船上观看这里独有的"沿海建筑立面"，岸边延绵的建筑仿佛就是从波光粼粼的海面上生长出来的一样。建筑立面有砖红色、米黄色、淡蓝色等，更有许多白色的墙壁反射着金色夕阳的余晖，教堂穹顶的淡青色点缀其中。这种城市印象为在其中游览的人带来独特的美。

城市精神

罗斯金在《建筑的诗意》一书中指出应"思考欧洲农舍的精神气质和国家特性"，由此得到启发，是否可以将城市的精神气质，连同其所在的国家特性结合起来思考呢？

城市与其所处的自然、人文背景是分不开的。就斯德哥尔摩来说，它的地理位置临近北极圈，因此冬季黑夜十分漫长，

夏季白昼十分漫长，太阳始终不落。这样的反差导致斯德哥尔摩呈现出季节性的律动——夏季成为开展各种活动的旺季。同时，城市福利质量很高，假日充足，如今又以和平中立著称，因此斯德哥尔摩人没有那种"狂热的个人急功近利的心态"，而是对自身历史及目前的地位始终抱有强烈的自信。和平中立、享受生活的精神气质，让我明白每年的诺贝尔奖颁奖典礼（特别是诺贝尔和平奖）理应在这座城市举行。

2.3 世界著名水城：阿姆斯特丹

AMSTERDAM

视觉美（二维）

荷兰的阿姆斯特丹，从上空望去，城市最显著的特点之一就是运河水网非常密集，而且呈现同心半圆那样的规则分布。

不同的运河两侧分布着不同风格的城市建筑。由内到外，新喀尔运河两侧多分布 15 世纪的老房舍；绅士运河两侧有市长官邸以及 Philip Vingboons 设计的 17 世纪富商住宅；皇帝运河十分宽阔（31 米宽），沿岸建筑有罗马帝国风格；王子运河旁原先布局仓库、住宅为主，如今大多改作高端公寓。这种沿着平行的运河，建筑风格有规律的变化，恐怕即使在其他街道为主的城市都很难发现。

阿姆斯特丹运河的密度如此之大、宽度甚至接近于街区的纵深，因此城市看起来就像是浮在"海上"一样。这些运河最初是为了防洪、控制水位等目的而建的，由此体现了人类征战大自然的精神。同时，正多边形的形态又让人想起"理想城市"帕尔玛诺瓦（Palma Nova，最初也是为了防

阿姆斯特丹鸟瞰

理想城市帕尔玛诺瓦

阿姆斯特丹的街巷

荷兰国立博物馆（Rijksmuseum）

阿姆斯特丹运河河岸的房屋

御目的而建的）。

　　城市与运河的走向平行，一起蜿蜒、一起弯折。一条运河、一排房屋、一排绿道……这一条又一条的带，共同形成了"川"字一样的结构，象征出流水潺潺、奔流不息的景象，就像是凡·高的作品《麦田上的乌鸦》中的那条红、绿相间的彩色路一样，弯弯折折，通向远方。

　　再近一些看，又能发现其中精致之处。房屋的立面、屋顶不仅如童话般可爱，而且它们呈现红、蓝、灰、绿等颜色，构成了一个协调的配色方案。

视觉美（三维）

　　从城市中生活、游赏的角度来看，阿姆斯特丹又具有什么样的美感呢？

　　因为河水清澈，河岸的建筑在水中的倒影就如同镜中的世界一样。1906 年，作家约瑟夫·康拉德用"海之镜"精辟地诠释了从海边眺望阿姆斯特丹的景象。联排的房屋有共同的特点：立面狭窄、紧密排列、有精雕细琢的三角形（或梯形）的山墙、门细小而窗户很宽大。

强调古朴韵味和风情的阿姆斯特丹

阿姆斯特丹精致的建筑与灯光

城市中的艺术

　　阿姆斯特丹的文化艺术气息浓郁。Museumplein 是一个博物馆集群，凡·高美术馆、帝国博物馆、市政博物馆均位于此，Rijksmuseum 还收藏着画家伦勃朗的画。其中，凡·高美术馆的新展馆由黑川纪章设计。

城市精神

　　阿姆斯特丹是一个进取的、有生机的同时又柔和的城市，有着长久的包容精神，而且也记载着人们的勤劳——因为土壤沼泽化，早先时期由富商在百万个木桩上建了这座城，木桩来自德国黑森林，挖掘工程持续了 30 年。装饰着郁金香的运河大桥，是人们舒展自我、谈情说爱的好地方。无论是"城市海滩"，抑或最近几年兴起的填海造陆水上住宅工程，抑或运河上的钢琴音乐会，都使水上之美增色。历史上，恺撒运河曾经被规划为林荫大道，但即将入住那里的人们反对，他们愿意门前有水道，这样就可以划船到家了。正因为如此，皇帝运河的古老风貌才得以保存至今。阿姆斯特丹人在征服了自然之后，又悉心保护、设计其中的景观。没有过分地精雕细琢，但城市被整理得令人很舒心。不吝使用明快的色彩，却又不过分争艳。也许这也与凡·高的画有一丝内在联系，那就是：无论环境如何险恶，都大胆、炽热和强烈地表现美。

扬·弗美尔（Jan Vermeer），《绘画艺术》

规划中产生美的效果

谁能想到，阿姆斯特丹如此整体上呈现出艺术感的平面分布、独特的沿河立面，是由于政府管控、历史原因以及居民出于经济考虑而共同形成的，是一个科学与艺术相结合的成功的水城规划。

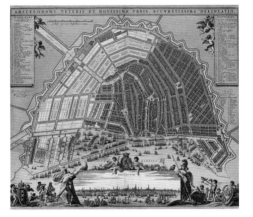

17 世纪时的阿姆斯特丹（1662 年）

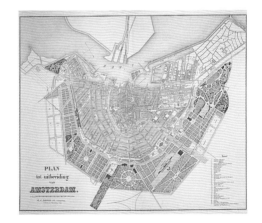

Van Niftrik 的阿姆斯特丹城镇规划方案（1862 年），图中老城和新区的布局形态具有整体艺术性

Berlage 的 Zuid 地区规划方案，新区的布局形态具有整体艺术性，同时有效地保护了老城的艺术性

阿姆斯特丹运河的很大一部分是有意识的城市规划的结果，在 17 世纪，阿姆斯特丹提出了一个总体规划，规划了四条环状的运河，其中最外一层的那条运河被用作水患防御和水位控制，其余三条用作居住开发。历史上，阿姆斯特丹的富人最先在市中心的运河边建造了宽敞和豪华的住宅。于是中产阶级就只好在运河对岸建造宽度略小的房子，房子盖好他们又顺着住宅开通了绅士运河。钱更少的人就只好和中产阶级隔运河而居，在绅士运河的对岸搭建更窄的房子。结果更穷的人就只得在第三条运河——皇帝运河的另一边建造他们的房子。因此以阿姆斯特丹三条主要运河为界，房子的宽度由于贫富差距呈现出相应的变化，十分有趣。而阿姆斯特丹住宅楼的窄小的面宽，还与政府的税收政策有关，是与居民对于经济性的考虑有关的。因此，如玩具手工模型一样的"荷兰小房子"构成的独特的立面，实际上有其历史、经济的原因。这是一种集经济、实用和美学于一体的景象。

在阿姆斯特丹城市发展建设的历史上，Van Niftrik 和 Kalff 的规划方案通过控制外围地带的用地权属，而有力地限制了老城中心的扩展。在 20 世纪初，Berlage 提出在新区建立新的居住区的规划方案，以解决老城过度拥挤的问题。

阿姆斯特丹的公共交通设施的规划非常完善，自行车是这个城市首要的代步工具，阿姆斯特丹是一个适合骑自行车欣赏的城市。自行车专用车道、租赁设施配置齐全，而且主要景点都分布在短距离的范围内。这样一来，汽车退居次要地位，空气质量就有了保证。

凡此种种的有意识的自上而下的规划、引导及政策，共同塑造了这个城市今天的美感。

尼德兰画派扬·范·艾克（Jan Van Eyck）的画作《圣芭芭拉》（Saint Barbara）

尼德兰画派画作（展示背景的城市）

2.4　斯特拉斯堡
STRASBOURG

斯特拉斯堡位于法国东北角，与德国交界。斯特拉斯堡是欧盟议会中心所在地，也是约翰·古腾堡（Gutenberg）发明欧洲活字印刷术的城市。

视觉美（二维）

斯特拉斯堡的城市中心是由伊尔河两条支流环绕而成的一个大岛屿，这一城市中心在 1988 年（斯特拉斯堡建城 2000 周年）被联合国教科文组织列为世界文化遗产，据称这是教科文组织第一次把整个城市的中心定为文化遗产。斯特拉斯堡被河流环绕，像是浮在水面上的小岛，有些类似巴黎的司德岛。这座小城也有水城的意境，水完全环绕着老城中心，"一水护田将绿绕，两山排闼送青来"。

斯特拉斯堡与其他水城不尽相同，其平面形态上的美，可以说在于伊尔河水系的特殊的走向。13 世纪，伊尔河的支流上建起了许多带塔楼的廊桥（covered bridges），以作为防御之用。现存的几栋中世纪塔楼，立于伊尔河分叉为两条支流的地方。河道在这里被分为了 4 条支流，河流在这里从著名的"小法兰西区"旁边流过。4 条支流形成了平行的自由曲线束，仿佛是一片片树叶，或是一叶扁舟漂浮在水上。巧合的是，城市中心的鸟瞰图中，也可以隐约看到这样的自由曲线束。小的曲线束和大的曲线束，形态上十分相似，只是大小尺度不同。在大的"树叶"丛中，可以看到斯特拉斯堡的大教堂犹如一滴水滴，点在了"叶片"之上。

斯特拉斯堡鸟瞰

斯特拉斯堡大教堂立面
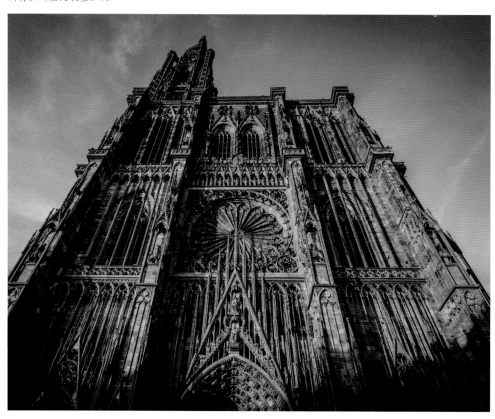

斯特拉斯堡大教堂鸟瞰

古腾堡雕像广场

罗翰（Rohan）宫

斯特拉斯堡鸟瞰（罗翰宫）

斯特拉斯堡街景

斯特拉斯堡的城市屋顶元素

视觉美（三维）

斯特拉斯堡城内最著名、最重要的建筑是斯特拉斯堡大教堂。此外还有圣保罗大教堂、德式街区及立有古腾堡雕像的广场。大教堂的立面装饰做工非常精细、繁杂，是典型的哥特式风格，教堂高达 142 米，从 1277 年开始历时约 150 年才完全建成，它是 19 世纪前欧洲的最高建筑。它仿佛傲视一切，底下的建筑都成了"侏儒"。

罗翰宫、小法兰西区、充满阿尔萨斯风格的黑白相间梁柱的房屋，也是非常具有特色的建筑。尽管斯特拉斯堡是一个边境城市，带有边境城市特有的防御功能，但还是显露出了法国人的浪漫。古腾堡雕像，手中拿的是《圣经》的一页，这也许是他发明了活字印刷后，最早用来付诸印刷的一册书籍了。城市的街巷本身就像一个艺术展厅一样，两旁仿佛都是历史的画卷。住宅的建筑立面，看上去是那么的别致、干净。大教堂周围没有太多汽车的喧嚣，更没有轻轨、铁路的干扰。从大教堂前的 Rue Merciere 街仰望上去，会感到左面、前面、右面都是质感、立体感强烈的建筑立面，精心欣赏教堂时，不会看到干扰的人群，起到点缀作用的只是雕刻。Rue Merciere 街与大教堂的关系，就像是一个人住在崇山峻岭环绕下的小镇里，受到了山的庇护。

2.5　爱丁堡

EDINBURGH

苏格兰的爱丁堡是一座十分吸引人的山城。著名的英国旅游家 George Bradshaw 称爱丁堡为"现代的雅典"。《勇敢的心》里带有苏格兰风笛的配乐，也仿佛在诉说着这里的历史和故事。爱丁堡的老城及新城，都被列入了世界文化遗产名录（新城也是早在 18 世纪就建成了）。

视觉美（二维）

爱丁堡城市发源于一座山上的爱丁堡城堡。紧靠城堡北面，围绕城堡设有巨大的绿带（Princes Street Gardens），部分用作铁路用地。城市中更大的山是 Author's Seat（位于城堡以东），另有一座 Calton Hill 山矗立在城堡东北。城市被大绿带分成两半——中世纪的老城和建于 18 世纪的新城。这些大型的绿带，仿佛就是一条一条的"河谷"分布于城市之间。因此，爱丁堡既拥有山体、城堡这样的高地势景观，又拥有绿带这样的低地势景观，是一个景观丰富的沿海山城。

爱丁堡的山地城市格局极具美感。从空中俯瞰，众山峰与城堡之间的关系如同众星捧月，又像是大金字塔与小金字塔的关系。

爱丁堡城堡及北侧绿带的鸟瞰　　　　　　　　爱丁堡的标志斯柯特纪念碑

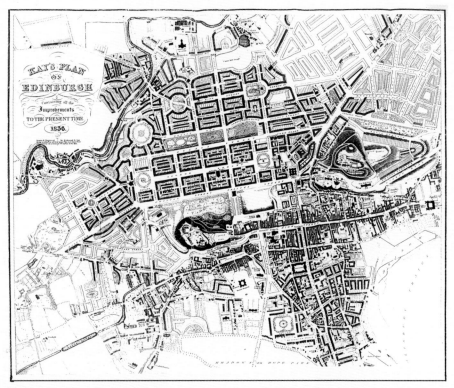

爱丁堡 1836 年规划图

视觉美（三维）

　　这个中世纪古城，很早就建起了高层建筑。老城的街道狭长，两侧楼高达将近十层，这是由于老城建在山脊上、用地紧缺的原因造成的。建筑群的整体风格明显，高耸、狭长，从远处望去，首先映入眼帘的就是密布的、整齐的竖线条构图，就像教堂中的管风琴那样，线条齐整、富丽堂皇。

　　建筑的规则的竖向排列，不仅体现在中世纪面貌的老城，还体现在新城。18

爱丁堡城堡鸟瞰

爱丁堡的大学

世纪由 James Craig 规划设计了大量规则排列的乔治王时代艺术风格的住宅区。在乡野小镇，虽然住宅建筑的风格变得更加小巧、袖珍，没有新城那样的规模，但也排布得异常整齐。

爱丁堡给人的美感还在于山地形态的立体美感、自然地形的立体美感，这些都得到了很好的保护。即使是割裂了城市肌理的巨大的 Author's Seat 火山，也一直被完好地保留着、被尊重着。而在靠近海湾的地区，会看到蓝天、碧海、翠绿的草坪、都铎王朝风格的建筑共同构成的人与自然和谐的画面。

世界名城爱丁堡

城市中的艺术

爱丁堡拥有出众的艺术设施。在皇家英里大道、尼克尔森大街交叉而构成的约 1 平方公里的范围内，竟然密布着如此众多的艺术设施——城堡内的博物馆、圣十字宫和女王博物馆、城市艺术中心、旧学院及托尔伯特赖斯画廊、厄谢尔音乐厅、莱西厄姆剧院、苏格兰皇家博物馆、儿童博物馆等。如此的密度，堪比一些国际性特大城市。此外，每年举行的爱丁堡艺术节是全世界最大的艺术节之一。艺术节期间，爱丁堡新城的众多宾馆酒店，会迎来大量的访问者。

爱丁堡还被列入了世界文学名城名录。J.K. 罗琳在此写出了《哈利·波特》。

俯瞰爱丁堡城堡

城市精神

从前述的对自然风貌的尊重中，可以说，爱丁堡绝不是一个在大自然面前炫耀的城市。但另一方面，爱丁堡的城堡又符合欧洲文化中的理想景观模式，爱丁堡又是一个炫耀的城市，是带有着"在大自然面前努力生存"的这一精神的。"爱丁堡"的"堡"即古英语 burh，意思是防御性的定居点。最初，在山上建立的城堡象征着"占据制高点和视控点"。爱丁堡善于向人们讲述它伟大的历史。对苏格兰有重要意义的纪念碑、塔立于爱丁堡市中心，爱丁堡人依靠本地的海产品、牛肉、蔬菜而有能力自给自足。

因此，爱丁堡既有顺从于大自然的一面，又有炫耀自身的一面。从前面的城堡及北侧绿带的鸟瞰图（近距离）来看，是炫耀的，从远距离的整个城市、山体的鸟瞰图来看，又是顺从于众山体，坐落于众山体、绿带的怀抱之中的。

工业革命后，爱丁堡受益于工业化进程，大量富裕起来的工人阶层开始从事更多的休闲活动，建立了高尔夫球中心，体现出了一种继往开来的精神。

爱丁堡城市规划的艺术美感

2.6 巴斯

BATH

视觉美（二维）

位于英国西南部的巴斯，仿佛是英国的"罗马"。那种气势，那种融宇宙与人的精神气质而超然构建的古城的气势，令人叹为观止。

从鸟瞰图中，可以明显地看出巴斯的平面具有整体上的美感。

首先是屋顶的色彩，统一为蓝灰或青灰色，即使是现代的购物中心的屋顶也不例外。当阳光照射城市时，金黄色的墙壁、灰色的屋顶、绿油油的树丛构成了一幅色彩饱满的画面。

其次，从鸟瞰图中，能隐约地发现巴斯拥有一条一条的肌理，建筑延续很长很长，形成了类似长城一样的结构形态，延展在翠绿色的大地上。"条带"状是城市肌理的一个显著的特征。

巴斯的大部分建筑建造于 18 世纪，当时本地建筑师受到意大利帕拉第奥的启发，打算建造一个"新的罗马"。城镇获得了繁荣，一些以"Parade"命名的道路（如"South Parade, North Parade"）十分宽阔，摒弃了狭窄的步道，供女士们、绅士们从容地行走并展示他们的时尚衣装。

巴斯的一些世界闻名的代表性建筑，具有与"天象"上的隐藏联系或象征意义。鸟瞰巴斯，人们首先就会被一个半圆形的宏伟建筑吸引——新月宫（The Royal Crescent），仿佛是设计者、建造者在大地上"绘制"的一个艺术品。新月宫那狭长的环绕视野的立面（参见立面图），让人联想到了耸立在旷野中的神秘巨石阵。新月宫不但是人工版的大地艺术杰作，而且令人想起电影《天兆》中的外星人在大地上留下的符号，或是想起古罗马的斗兽场那圆形的形态。

视觉美（三维）

从在巴斯生活、游赏的人的视角来看，巴斯的美，在于它至今仍保留着世上最完整和完美的古罗马浴池。浴池非常壮观，可以洗温泉、休闲、理疗，自从公元 1 世纪就存在了，不仅是大众温泉，也曾备受皇家贵族的青睐。巴斯的英文名称"Bath"本身就含有"洗浴"的意思。

巴斯之美还在于：它是宜人的、舒适的、以人为本的。有人曾说：巴斯的整个城镇都是人性的建筑，具有达·芬奇人体比例尺度。下面分别以巴斯的新月宫和浴池一带为例，进行分析。

新月宫在谷歌"英国最诗情画意的街景"评选中名列第二，仅次于约克郡的 The Shambles 古街。在宫中的 Georgian House 可以近距离观赏巴斯人的奢华生活

巴斯新月宫——圆形广场一带的鸟瞰

新月宫

巴斯古罗马浴池——普尔特尼桥——埃文河鸟瞰

从巴斯修道院向北鸟瞰

南门（Southgate）购物中心

新月宫立面

体现崇高的巴斯城市元素

巴斯的情韵

古罗马浴池

方式，宫前的草坪非常巧妙，可以牧羊，供人们野餐、躺卧，但通过一道矮墙，使得从新月宫前望去，看不到草坪的人们，眼睛会误认为草坪是无缝相接、延绵不断的。

新月宫的主体呈现怀抱式的半圆，而其两侧的建筑依地形变化而呈现退台式的高差分布，与风景画般的树林相接。这样，人们就获得了自然、人工环境带来的双重享受。建筑—树林—草坪的关系，就像从山脉变化到平原，再过渡到沙滩、大海一样，塑造出了如诗如画的意境。

再来看古罗马浴池一带的建筑群（如前页的最下图），除了修道院占据制高点以外，其余沿街建筑大多为 3~4 层，周边的道路宽约 10~20 米，高与宽的比较为适宜。拱券结构，一个又一个围合的建筑空间，精巧的布局，并有宽度适当的道路环绕周边，这些要素让人联想起达·芬奇曾经为米兰设计的理想城市方案。

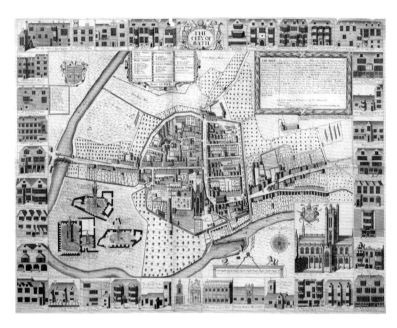

18 世纪规划前的巴斯地图

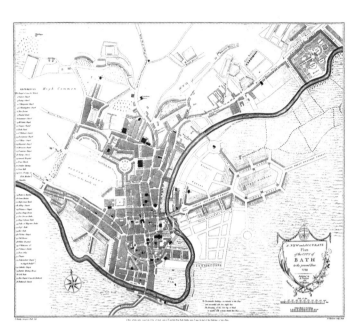

1799 年规划方案

俯瞰名城巴斯之美

规划中体现出的美与精神

250 年前巴斯是引领潮流的"英国的好莱坞",它是"自恋"的,本地人炫耀说他们比英国其他地方,平均每人拥有的列入名目的历史建筑要更多。巴斯的许多古老壮观的建筑都出自约翰·伍德父子之手。父亲老约翰·伍德在 18 世纪进行巴斯的城市规划时,建造了一座象征太阳的圆形广场和一座象征月亮的皇家新月宫。约翰·伍德父子于 1727~1781 年间规划和实现了中世纪巴斯的扩建(Edmond N.Bacon, *Design of Cities*)。

将历史上的巴斯地图,与 18 世纪的两版规划方案相对比(有关论述还可以参见 Edmond N. Bacon, *Design of Cities*),可以发现规划方案将城墙予以拆除,并且城市向北侧进行十分自由的扩展,方案中没有明显的轴线、重点街区,到处都是重要的建筑物,而且越往北,建筑物的尺度越大,最终到达了新规划的新月宫和皇后广场,这仿佛象征着巴斯面向未来的憧憬。但是

小尺度的建筑仍然被保留。如果用比喻的说法,被保留的小尺度建筑贴近人的尺度,体现了"人性",而北部的大尺度建筑形态象征了"神性"。巴斯的规划是"神性"与"人性"的结合。

巴斯是"超然"的。为什么这么说呢?因为无论是乔治王时代艺术风格的建筑,还是服饰博物馆内奢华、精致的贵族生

活方式的展现,或是在旅游发展政策上与英国的其他城镇不尽相同,都说明巴斯力求保护其悠久的历史,力求再现英国荣耀时期的那种奢华富贵的气息。这种精神,就像是一位追求至美、至善的艺术家一样,虽然自己所拥有的空间不大、资源不多,但其追求理想图画的理念是不会变的。

2.7　世界永恒之城：罗马

ROME

视觉美（三维）

罗马以其出众的建筑而闻名于世，许多建筑都经得起数百年乃至数千年的推敲，它有一个美称——永恒之城。为什么说它是永恒之城？因为它拥有永恒的艺术和永恒的思想、精神，将人类的情感、艺术都融入了规划思想、建筑构造中。

分析、描绘、歌颂罗马的文献、作品可谓汗牛充栋。罗马这座城市，连同与之相邻的梵蒂冈，都是美不胜收，以至于关于它的任何简短、草率的叙述都显得苍白。我们应以史为鉴，充分关注其城市建设历史上的成就，分析其中的美。下面以古罗马时期和文艺复兴时期的罗马为代表，进行介绍分析。

一、古罗马

把古罗马城比作"刚劲的男子汉"，一点也不为过。在如今的罗马城，如果一个人走在大街上，他将处处遇到古罗马时期留下来的辉煌遗存——记录战争胜利的浮雕、纪功柱、剧场般效果的宏伟广场、希腊柱式、拱券、柱廊、神道、雕塑走廊。

从古罗马的 3D 复原模型中看，最重要的轴线恐怕就是这条由南向北的轴线了：神庙—罗马广场—卡比托利欧山—庞培大剧场。轴线从斗兽场开始，一直延伸到北面的万神庙。其中的许多建筑已经不存在了，或是改变了形态。万神庙所幸保存下来了，没有遭到后人的破坏，成了古

罗马保存最好的神庙，其门廊及花岗石柱子象征着罗马有史以来最大的荣耀。

如果在这座古罗马城中，一个人由南向北移动，会得到这样的视觉体验：他先目睹了斗兽场、壮丽的 Constantine 凯旋门和清澈的 Meta Sudans 喷泉共同组成的一个街道交叉口的空间，在神庙的大殿柱廊前，他能望见西面的皇宫，在罗马广场里，他会看到四周环绕着一列列宏伟的立柱，柱廊下可能又是一个稍微高起一点的平台，四周的建筑如此丰富多样，有半圆的拱券，有三角形，但又中规中矩，体现出了条理意识。广场上还有一座凯旋门，透过门洞向南望广场，别有洞天。在视野中，也许还能隐约望见背景中的卡比托利欧山及山上的神殿。

再向北登上卡比托利欧山，他将在这一制高点上尽览广场、建筑、台伯河的景色。如果再往北走，会来到半圆形的庞培大剧场，目睹这里座无虚席的宏大场面，最后他将来到万神庙，欣赏经典的门前柱廊，并从内部领略圆顶和天窗的魅力。

古罗马的城市三维视觉美，不止于此。这些建筑不是死寂的展品或城市"标本"，住在其中的居民可以体会到这座大城市无与伦比的人气——斗兽场不是空荡荡的，而是数万人同时在观看，人声鼎沸；半圆形的庞培大剧场里笑声、喝彩声、掌声不绝于耳；广场上，市民们齐聚一堂，倾听君主的演说；卡拉卡拉浴场里，洗浴、游泳、健身训练、买花的人交织在一起，欢乐地享受这个城市独有的休闲生活。

古罗马公元 3 世纪城市复原模型

俯瞰罗马图拉真市场

体现视觉美的古罗马遗迹

罗马鸟瞰

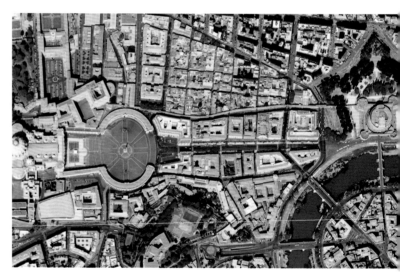

圣彼得大教堂及广场平面

卡拉卡拉浴场遗址

万神庙

图拉真（Trajan）浴场遗址

突尼斯西贝特拉（Sbeitla）的古罗马遗迹

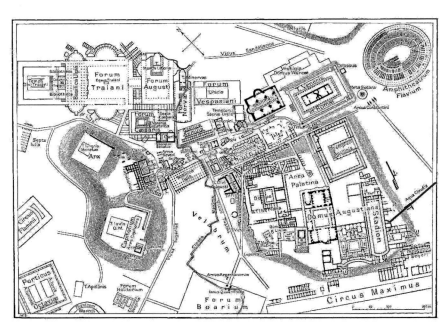

帝国时期的古罗马中心区地图

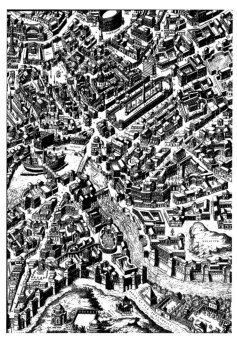

1574 年的罗马地图

　　以上这些或许独属于古罗马的场面，可以在一些以古罗马为背景的电影、纪录片、戏剧作品中看到。为什么这样的视觉感受和体验是美的呢？从有关的纪录片资料中可以得到答案。古罗马的建筑是以纪念性建筑为主的，无论是统治阶层，还是普通市民，都以此为荣、以此为乐。市民

认为他们"与天神平行生活"。公元 64 年古罗马的一场大火导致木结构房屋摧毁殆尽，尼禄没有迁都，他认为美、艺术才是有利于罗马的改变的（而不是权力），是神圣的，尼禄想"像神一样统治"。于是他提出了一个包含宽阔的道路、广场、花园、剧院、神庙的整体规划方案，使得市

民在城市里无论走到哪里，都被艺术的美所包围，都能渴望美好，为此他不惜从外国运来昂贵的建筑材料，以免火灾之患。尼禄委托艺术家、工匠制作了不计其数的雕塑、绘画和浮雕（包括他自己的铜像）。

二、文艺复兴、巴洛克时期

在如今的罗马，如果一个人进入了室内——神殿、画廊、博物馆，则会看到数不尽的艺术珍宝——有表情坚毅、身躯强壮的英雄塑像，其中的很多是从文艺复兴时期留下来的。画家、雕刻家都留下了艺术名作，通过一件件艺术作品，向人们诉说着罗马。

罗马的城市建筑、广场等的高度的美感，一部分是源自文艺复兴、巴洛克时期城市改建的成果。在文艺复兴及巴洛克时期，贵族阶层在罗马兴建了许多豪华的住宅建筑，例如极尽奢华的奎利纳雷宫广场、威尼斯宫、法尔内塞宫、巴贝里尼宫、基奇宫、斯帕达宫、文书院宫以及法尼斯别墅。许多广场保存至今，例如：那沃纳广场、西班牙广场、鲜花广场。

米开朗琪罗对罗马改造的贡献非常大：1536～1546年间，米开朗琪罗设计了罗马市政广场，来满足教皇重建罗马的壮丽景象的要求。市政厅不再面向古罗马广场，而是面向了基督教堂，以此强调对古典主义的复兴，同时也象征着城市由远古的废墟，向更加面向未来的方向发展。市政广场由三面对称的建筑构成，广场大致呈梯形，皇帝的骑马雕像放置在中央。

米开朗琪罗还曾参与圣彼得大教堂的设计，设计了教堂圆顶。大教堂的圆顶在高度上的突破，丰富了城市的立体景观。圣彼得大教堂的重建是文艺复兴时期罗马的重要事件。而大教堂前的入口广场及柱廊由伯尼尼设计，十分宏伟。梯形的小广场前像是一个倾斜的舞台，教皇每逢重大日子就在这里举行弥撒。因而那个椭圆广场就成为容纳民众的"观众席"。

封丹纳的罗马改造规划中，将道路调整为直线，将教堂、凯旋门、纪念性建筑通过道路连接起来；在道路交叉口修建广场；由北部的波波罗城门开始规划了三条放射性的轴线，引进了25座以上的喷泉，重要的建筑物放在交叉口的广场处，属于教皇。多数教堂采用了单一的集中式构图，符合教皇建立中央集权帝国的梦想。

改造前的市政广场

米开朗琪罗的市政广场设计方案

伯尼尼设计的圣彼得大教堂广场方案

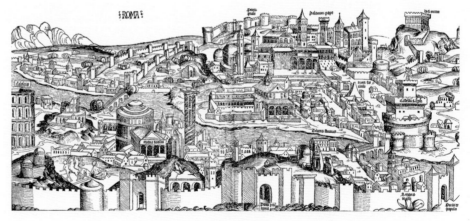

罗马古城

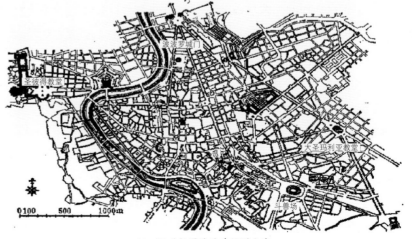

16～17世纪罗马改建规划方案

罗马鸟瞰

罗马鸟瞰

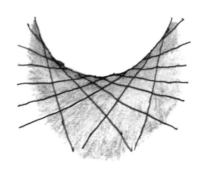

直线与曲面意象图

罗马市政广场地面图案

视觉美（二维）

如果看一下罗马鸟瞰图，不仅会感到协调的色彩组合，而且还会发现城市的平面由许多几何学式的轴线构成，其美学意义不必赘言。但奇妙的是，由直线构成的路网，却随着用地的延伸，慢慢地变化成不规则的曲线形网格（罗马七山一带），使得"城"与作为背景的"山"在平面上十分自然地融合在了一起，就像埃舍尔的版画《昼与夜》一样平缓、巧妙的变化造型，又仿佛是一个由线段组成，可最后却产生出了曲面的数学平面。

其中，米开朗琪罗设计的市政广场（位于卡比托利欧山上），对这一过渡起了非常重要的衔接作用。另一个起着衔接过渡作用的就是斗兽场，在这个规划布局上较难处理的节点，一个圆形的斗兽场巧妙地解决了过渡的问题。

位于卡比托利欧山上的市政广场的地面图案，也具有曲线的美。由于台伯河蜿蜒地穿城而过，并且城市内分布有"罗马七山"，受河流与山丘的影响，罗马的城市肌理不可能是完全工整的方格网（就像罗马帝国曾经在提姆加德推行的规划那样），似乎也没有留下像巴黎改造后的那样的清晰、整齐的轴线，也没有阿姆斯特

丹的那种折线形规则排列的格局，但是却处处体现了罗马历史上的规划设计中的条理意识。

无论是古罗马时代的遗迹，还是文艺复兴时期的改建成果，都在罗马的平面布局中留下了永恒的美。

住宅建筑之美

罗马城区的公寓，建筑立面色彩明亮，虽然不带有庭院，但在窗台或阳台会有花卉装饰，或是屋顶绿化，人们在小巷中行走，会感觉在游览花园一样。这种居民自发装饰居住环境的方式，其效果似乎胜过

金色的罗马（以山为背景的斗兽场）

那沃纳广场

Frans Van Lint，《那沃纳广场的景色》（1730 年）

圣天使城堡鸟瞰

圆顶、雕塑构成的雄壮的罗马城市景观

圣彼得大教堂广场（伯尼尼设计）

圣彼得大教堂（米开朗琪罗参与设计）

了"城市美化运动"。这是与意大利的气候、人们的生活方式分不开的。

威尼斯的住宅也具有花卉装饰，但是相比之下，罗马的住宅还会在底层布置一些座椅、伞棚或绿化，形成街道旁的休闲空间、餐饮空间。

在罗马的住宅建筑密布的地区，会在社区内形成广场，广场内往往有台阶、座椅、喷泉，或是一座小教堂。这些广场与那沃纳广场等重要广场相比，尺度小很多，更加贴近于人的尺度。

罗马的喷泉与广场公共建筑景观

罗马的城市色调

罗马越台伯河区（Trastevere）住宅区的公共空间

罗马的特列维喷泉

台伯河上的圣天使城堡

台伯河上的罗马

古罗马图拉真市场遗迹

罗马浴池、浴场

浴池、浴场是与水密切相关的一种设施。浴池、浴场是古罗马人的生活方式的一种标志。在古罗马，浴池、浴场是城市给排水设施完善、生活质量高尚的一种体现。

"洗浴"是人类生活中的基本日常生理活动、放松活动。当今时代，洗浴已成为了大众休闲旅游中的一项不可或缺的项目，温泉、SPA、药浴、海滨浴场等在度假区中非常多见，并与多种吃、住、行、游、购、娱活动联系在一起。除了它的大众性，另一方面，在不少文学、神话、音乐的创作过程中，人们也发挥想象力将这一素材进行了提升。例如《沃尔塔瓦河》中水仙女在水面上翩翩起舞的音乐意境。

虽然古罗马的浴池、浴场有多种功能，但它们的美或特色，并不完全停留在大型、丰富的"温泉度假城"这个层次。亚里士多德把城市定义为"人们拥有共通的生活、实现高贵目标的场所"。而在古代，城市中的设施条件不完善，能够进行洗浴本身就是一件高级的享受，可以理解为一种高贵的目标，而并非如今人们所认为的仅仅是一种放松身心、返璞归真的娱乐活动而已。古罗马的洗浴还具有社交性，更说明了那时的城市是慢行性的，大家一起来追求高贵的目标，并享受其过程。这，也许就是古罗马浴池体现出的生活之美。

罗马广场遗迹

古罗马风格的浴场遗迹

罗马城的艺术财富

罗马城的艺术财富是全方位的、立体的综合体。全方位的是指艺术财富的资源密度，覆盖了整个城市的多个区域，从罗马广场的雕塑到古罗马时代的讲坛；从环绕维纳斯与罗马神殿的廊柱，到夕阳辉映的古罗马凯旋门；从奥古斯都广场、恺撒广场的昔日荣耀，到古罗马圆形竞技广场的月光。全方位的，就不是局部性的，全方位的意味就是罗马整座城市被艺术遗迹、被世界名作真迹、被艺术财富资源所覆盖了——罗马被艺术史迹所覆盖，被艺术资源所覆盖，被文化遗产所覆盖，被艺术与建筑、雕塑之美所覆盖。

所谓的立体，就是从罗马地下掩埋的史迹文物到博物馆里、美术馆集群的经典艺术珍藏，罗马的时空被艺术之光照耀。整个罗马，就是一座城市规模立体构建的博物馆。这是罗马城市文化特色与艺术优势所在。

罗马的城市发展史，就是以艺术为基，以文化为核心而形成的。罗马的贵族，总是设法请那些伟大的艺术家来兴建别墅与宫殿，帝王权贵又总是以艺术收藏来显耀财富。

罗马是造型艺术宝库。"Santa Maria della Vittoria"（维多利亚圣母堂）内有伯尼尼最具震撼力的雕刻精品，大理石雕《圣泰蕾莎的欣喜》。

维内特大道，在罗马帝国时代就是富豪贵族的豪华别墅区和花园。19 世纪末，罗马重新规划了这一区域。伯尼尼设计的特列维喷泉，海神已经向空中喷水数百年。巴贝里尼宫（Palazzo Barberini）1629 年建成，由建筑师马德诺（Maderno）设计建造，后由伯尼尼接替。其中最具震撼力的是柯托

纳所绘的"Gran Salone"的天顶壁画，给人以无限遐想的幻觉。其中珍藏着 13 世纪到 16 世纪的绘画，属于国立古代艺术博物馆（Galleria Nazionale d'Arte Antica）的一部分。

根据历史学家 Livy 的研究，罗马是在公元前 753 年由 Romulus 建立的。有证据表明，罗马是在公元前 8 世纪建立的。

罗马在文化艺术史上占据"王位"。公元前 8 世纪，罗马建立了位于七座山丘之间的永恒之城。罗马七山——卡比托利欧山、奎利纳雷山、维米娜莱山、帕拉提（Palatine）诺山、阿文蒂诺山、伽利安山、艾斯奎林山，就像宇宙苍穹的北斗七星，指引着人类艺术与文明的进程。罗马七山，现今依然是艺术财富的聚集地。卡比托利欧山博物馆、艺术馆，卡比托利欧博物馆、新宫是罗马最重要的博物馆。坐落于此的参议院大厦自 12 世纪就是罗马参议院所在，现在是罗马市政厅。米开朗琪罗的城市规划经典之作——卡比托利欧山的罗马

市政广场及其飞越式台阶，显示出艺术家卓越的城市规划与艺术的超凡智慧。新宫也是米开朗琪罗设计的。

帕拉提诺山是罗马城中最令人心旷神怡的一座山，名胜古迹遍布。山上有弗拉维亚宫和奥古斯塔那的宫殿遗址废墟。这两座宫殿是公元 1 世纪皇宫的一部分。从帕拉提诺山古迹遗址可以看到古代城市规划的格局。利维亚之家里面保存珍贵的壁画。赛维鲁斯宫、法尔内塞花园、西贝尔神殿虽然仅存几根圆柱支撑的平台，屹立于罗马城的夕阳中，依然像纪念碑一样承载着古代城市文化的记忆。

罗慕陆斯小屋（Huts of Romulus）是罗马城创建者的遗迹，里面有罗马最早的基柱。秘道（Cryptopvticus），是神秘的地下走廊系统，里面有壁画、通道连接着皇帝宫殿。这一区域是古罗马城市规划的遗迹所在区域。

奎利纳雷山是罗马帝国时代的一个大型住宅区。教皇在中心地带修建了奎利纳

伯拉孟特 1501 年规划设计建造的罗马坦比埃多小教堂

罗马斗兽场周边的城市形态结构

罗马风格的圣卢卡圣母圣地堂（Sanctuary of the Madonna di San Luca）

罗马万神庙前景观

罗马广场遗迹

罗马帕拉提诺山

体现透视感的罗马市政广场（米开朗琪罗规划设计）

圣安德烈亚教堂

雷宫，这座宫殿现在是意大利总统府。国立罗马博物馆也建在奎利纳雷山。

巴洛克之珠，奎利纳雷的圣安德烈亚教堂设计者是伯尼尼。这座教堂因地势宽但浅而建成椭圆形。大厅的长轴以教堂的两翼为终点。引导人们的视线环绕到祭坛处为终点。设计者伯尼尼要求此处所有的艺术作品都不能独立分割，而要整体出现，形成整体的艺术感。雕塑《被钉在十字架上的圣母安德烈亚》似乎是正在向光明和圣灵处攀登。

圣卢卡美术学院坐落于奎利纳雷山，是世界上最早的美术学院之一。学院的艺术馆珍藏着拉斐尔和他的学生所作的《圣卢卡在画圣母肖像》。

特列维喷泉、四河喷泉、摩西喷泉都是罗马著名喷泉，由伯尼尼设计喷泉雕塑。

戴克里先大浴场建于公元 298 ~ 306 年，它是罗马城内最大的浴场，可以同时容纳 3000 人洗浴。1653 年，米开朗琪罗将这个大浴场废墟改建成大教堂。

艾斯奎林是罗马七山中最大、最高的一座，从山丘西坡可以眺望古罗马广场。东坡的一边有几座别墅，是属于像梅塞纳斯这样的富人所有的。梅塞纳斯是艺术的赞助者，也是奥古斯都的顾问。此地一直

保持两千多年来的基本特色。锁链中的圣彼得教堂里面因收藏米开朗琪罗所作摩西雕像而闻名于世。

伽利安山丘，有许多吸引人的考古研究区域内的遗迹和一些精美的教堂。圣乔

罗马的特列维喷泉

锁链中的圣彼得教堂（San Pietro in Vincoli）的米开朗琪罗的雕刻作品

卡拉卡拉浴池遗址

瓦尼与保罗教堂建于公元4世纪末，保留着原始的建筑结构。教堂内的爱奥尼式门廊建于12世纪。环形殿的钟楼则由布雷克斯皮尔所建。在教堂下面已经挖掘出二栋古罗马时代的房屋建筑，分别属于公元2世纪和3世纪。这座两层20间的房屋的建筑完好地保存着壁画。圣乔瓦尼与保罗教堂的壁画，也是极珍贵的艺术财富。圣格列高利欧教堂建于公元575年，由圣格列高利所建，里面有多明尼基诺和雷尼绘制的壁画。拉丁城门的圣乔瓦尼教堂建于公元5世纪，公元720年时重建，又于1191年整修。这是古代罗马教堂中最美丽的教堂之一。中古时期的壁画精美。罗马的教堂本身是艺术品珍藏聚集处，特别是湿画和雕塑名作，分布于罗马的教堂内。这是博物馆与美术馆无法取代的，壁画真品多收藏于罗马的教堂内。

杜鲁苏斯拱门曾被误认为是一座凯旋门。实际上拱门仅仅是支撑卡拉卡拉大浴场的水道桥分支。拱门建于公元3世纪。

其纪念价值在于承载水道桥通过重要的街道阿庇亚道。圣塞巴斯提亚诺城门与奥勒利安城墙（Porta San Sebastiano and Aurelian Wall）建于公元282年，城墙长约18公里，有18个入口，381座塔楼，将罗马七山都围绕在内。

这个区域的卡拉卡拉大浴场建造于公元217年，一直使用了近300年。后来哥特人入侵破坏了管道，浴场停止使用。大浴场有容纳1600人享用的设备。阿文蒂诺（Aventine）是罗马城墙内最安宁的区域之一，有许多精美的教堂、神雕和精美的艺术品。罗马的教堂是艺术珍品的聚藏地，是艺术财富特别是古代壁画珍品的收藏地。

在城市规划中值得重视的是阿文蒂诺的马西姆斯竞技场，昔日古代罗马最大的竞技场，如今沦为荒草丛生的空地。竞技场坐落于帕拉提诺山丘和阿文蒂诺山丘之间。宽大的看台可以容纳25万观众，比赛从公元前4世纪到公元549年为止，竞

技场中央的安全岛上有七个巨型蛋用来计算赛跑的圈数。公元前10年，奥古斯都在帕拉提诺山丘下建造了皇帝的包厢，并在竞技场的安全岛上加建方尖碑。这座方尖碑现在竖立于罗马的圣玛丽亚的人民广场正中。第二座方尖碑是公元4世纪由君士坦丁二世所建，现移到拉特拉诺的圣乔瓦尼广场。

圣天使城堡，建于公元139年，位于台伯河河畔。连接圣天使城堡与梵蒂冈的一条通道称为"梵蒂冈走廊"，这条通道建于中世纪。圣天使城堡现在是有58个房间的博物馆，阿波罗厅有神话题材的壁画。1557年，罗马兴建了城墙以保护城堡。

罗马的广场是由城市艺术元素构成的，包括文物建筑、精美雕塑、喷泉广场等。罗马七座山丘围绕着罗马这座永恒的艺术财富之城。

罗马圣天使城堡

为罗马城的文化艺术财富"估价"

罗马城的财富如何估价呢？公元前 6 世纪罗马国王瑟维厄斯（Servius）最初为罗马城规划城墙时，他竟圈出来 1000 多英亩土地，仿佛它会有巨大的发展。那时城墙的宽度达 50 英尺，足够并行几辆战车。罗马城的地域和人口，在 3 世纪的整个一百年中一直都在增加。公元 274 年奥勒利安（Aurelian）城墙竣工后，罗马城内面积为 3323 英亩。总建筑面积达 2.15 亿平方英尺。即使以现代城市规划眼光来看，这也是一座巨大城市。据罗马城 312～315 年的官方调查记载的罗马城主要设施的清单，其中所列的各项主要内容即可廓清现存废墟的情况：

方尖碑 6 座；

大理石凯旋门 36 座；

桥梁 8 座；

城门 37 座；

罗马的威尼斯广场

罗马拉特兰圣约翰教皇教堂的圣马太雕像

公共浴场 11 处；

观赏海战的水上表演场 5 处；

供水干管 29 条；

仓库货栈 290 处；

竞技场 2 个；

公共面包房 254 处；

剧场 3 个；

殿堂 1790 间；

斗剑学校 4 个；

公寓住宅楼 46602 座；

图书馆 28 处；

私人开办的浴池 926 座。

罗马圣天使桥上的雕像

18 处市场和公共广场，8 处空场或公用地，30 处公园或花园（最初是富豪私宅自用的），700 处公共池塘和小湖，130 处水塔或水库、喷水池，大约是罗马对现代城市最精美的馈赠。特列维喷泉便是最完美的，特列维喷泉是古罗马的名胜，原为公元 19 年古罗马总督阿古利巴为罗马浴场修筑的一条长 20 公里的水道，后废弃达 8 个世纪之久。后重新疏通至 1762 年完工。修建后的喷泉宽 20 米，高 26 米，上有三尊石雕像，中间的是海神，其余两尊是"丰饶神"和"安东神"。

古罗马遗迹的清单里，还有数千座雕像，其中青铜雕铸像 3785 座。世界上没有哪个城市能堪比罗马艺术财富的规模。

阿里斯蒂底斯在他的《罗马赞》中写道：四面八方的各种美好的东西都朝你涌来。一年四季各种时令，江河湖泊的出产，希腊或北方的手工业产品都应有尽有。因此，他说若想看到这一切好东西，他要么必须去周游世界，要么便留居在这座城市中。城市文化这个容器似乎被罗马文化财富胀破了（几乎无法容纳），直到 18 世纪的大都市发明博物馆这种专门形式以前，这座城市本身便是巨大的博物馆。罗马城有一位规划师曾言：规模就是一切。罗马城最大限度地把整个世界文化财富聚集在永恒的空间，是 2000 多年城市的财富象征，正像今日的伦敦一样，人人都可以找到自己喜欢的东西，而且或许也和伦敦一样，曾经充满了许多意料不到的好东西——无尽的财富之源。罗马至今仍然继续保持着人类艺术资源宝库的独特地位。就像罗马之泉，源泉不断。

罗马的城市与艺术的关系

一、罗马：一个空气中充满艺术的城市

罗马的整个城市都是被艺术笼罩的，城市空间、甚至空气中都是充满艺术的。城市空间，与艺术品构成的空间，是重合的。打一个比方来说，我们的城市充满了高楼大厦，越往上建越高而已。但是在罗马，城市越是建造，越是积累艺术品，积累得越来越厚，若往地下挖掘，不知会触碰到多少层的历史艺术珍宝。就像佛罗伦萨一样，随便到一座展览馆里，艺术展品都排到五、六层楼了，甚至上厕所时也能看见雕像，一打听，竟然那些雕像都是古代留下来的真迹——实在没有地方摆放了。更关键的是，整个罗马都如此。城市被艺术充满、膨胀得装不下了。

二、皇权、神权、贵族与城市的艺术

在罗马，君主和艺术家是"双赢"的：艺术家通过君主使自己的设计成果有保障，而君主由于有了艺术而提升了档次、规格。而且很多君主本身就是有艺术感、有文化的，他们喜爱艺术，不毁灭艺术品，甚至会把艺术当成统治的一种手段。例如，有关古罗马的纪录片中，就介绍了哈德良皇帝为了让自己的统治"像神一样"，决定用艺术来"服天下"、统治天下、树立自己的权威。哈德良亲自设计了一个城市蓝图，打算把罗马建成布满大理石的宫殿、广场、雕塑、浴场，让老百姓觉得他们活在"天神的世界"里。另外，君主是主宰城市艺术风格的主要因素，贵族、教皇（神权）也是决定性的力量。贵族追求享受、攀比奢华、有钱出资，教皇则兴建教会、教堂，每一座都是精雕细琢，因为他们对神十分崇拜，对权十分依附。

三、内部空间、外部空间与城市的艺术

罗马不仅在内部的空间摆满了琳琅满目的雕像、绘画等作品，而且还延伸到外部的空间。内部的空间局限于具体的艺术形态，如一幅画作，或一座雕像，而外部空间具有更广阔的延伸空间，艺术在外部空间中得以更好地进行表达。而且，我们知道，外部的空间才是与城市更直接相关的，如广场、喷泉、纪念碑、凯旋门……

伯尼尼，《追逐达芙妮的阿波罗》（藏于罗马波各赛美术馆）

在罗马，几乎能安放东西的外部空间都是被雕像等艺术品占据的。

四、罗马在城市与艺术这方面的特殊性

罗马与巴黎的艺术风格略微不同。巴黎更像是在"招揽"天下的名流艺术家来此工作、生活、发迹，因此巴黎会产生那么多各种各样的艺术流派。而古罗马呢？基本上只产生了一种艺术流派——罗马风格，并且影响了整个欧洲。

古罗马的艺术是实实在在的"男人"，十分厚重、沉甸甸的。

罗马人今天只是高举他们古代成就的旗帜就足够了——因为古代的那些成就已经达到了巅峰的水准。而巴黎则是不断地紧跟时代，推出新的东西，兴建拉德方斯新区，引领全球新的时尚潮流……古罗马的人体塑像肌肉发达、线条质朴，而法国罗丹的雕塑虽然美，却走了华丽的路线。

罗马的文明，与其他文明不同。古埃及、古代中国的一些君王将艺术品作为殉葬品，随他一起"逝去"，掩埋地下。而在古罗马，艺术品代代相传下去，艺术品不朽，罗马也被称为"永恒之城"。城市与艺术的关系，在于室外空间的雕塑、喷泉等。真正的艺术之城，雕塑、喷泉应是精致的艺术品。

罗马的城市中的艺术品如此之丰富，城市的艺术化的程度如此之高，使得我们有机会认真地考察并思考这座城市与艺术的关系。

由罗马的城市艺术的特殊性，可以想到城市与艺术的多种关系，从这些关系中进行梳理，能够得出结论——至少有以下四种情形，可以构成"艺术的城市"：①骨子里有艺术感的城市，如古罗马。整座城市即是艺术品的代名词，城市具有明显的整体艺术感。②招揽艺术家的城市，比如巴黎，和如今的一些风景特别好、特别浪漫的旅游小镇，它们本身历史文化积淀不多，但凭借现在的优美的环境吸引人。③艺术区、风情区、文化功能区，但只限那么一小块，城市整体上无法以艺术来贯穿。④充斥着当代现代艺术的城市（例如：因满街的涂鸦、摇滚、公共艺术、环境艺术小品、先锋造型艺术而出名的城市）。

罗马维多利亚圣母堂内的雕像

2.8 世界著名山城：雅典

ATHENS

古希腊溯源

在爱琴海沿岸，雅典在水源与山势间寻求艺术空间构建的原点，从公元前11世纪至公元前8世纪，古希腊人手执圣火一直在寻求音乐、数学、建筑、雕塑与宇宙万象之美的平衡关系。城邦形成（城邦即希腊的城市国家），一种首创的、有效的体制形成了。

正是这种体制的诞生与形成，开启并促进了希腊的艺术和建筑，产生了最具表现力的形式与形态。

在世界城市与艺术发展史上，希腊雅典卫城是一个城市起源的丰碑，是屹立于爱琴海岸，天地之间的交响诗，雅典卫城，伊瑞克提翁神庙南面的女像柱廊，面对海潮，仰望星空，象征着人类文明的城市建构起点。

雅典法里罗海滨

雅典——"神"与"光"

古代雅典与古罗马的城市规划特点及美之比较

古罗马是有意识的城市规划的杰作，是城市规划和艺术结合的源头，影响了以后的整个西方世界的城市规划历史发展和进程。放射状的轴线系统、凯旋门、建筑的核心……都能在巴黎的规划中找到身影。巴黎的凯旋门就是模仿古罗马的。世界上第一个大规模的规划，也应该起源于古罗马。古罗马出现了象征性的大规模建筑（柱子、凯旋门、公共建筑），更有恢宏的交响乐效果，有巴洛克气势，主要带给人精神性的感受。

古希腊的雅典是一个"固体"，就像爱琴海上升起的一块城市规划的丰碑一样，以一座座神庙为主，整个城市像一座雕刻一样完美（"城市规划的雕刻"），其最初目的也许是达到人类早期的神圣，

把城市规划与诸神连接起来，它的结构形态更稳定、更明确、更坚实，但流动感不足。

而古罗马，不但是一个"固体"，还具有扩散的功能、辐射的功能，纵横交错，更加立体，通过辐射把广场、道路、教堂、浴场、喷泉、名胜等串联起来，构成了一个集合体。

从情绪上分，古罗马更热闹，古希腊更理性。艺术规则源于古希腊，而规划的技术规则、更加有功能的内容则是从古罗马开始构建的。古希腊还蕴含着许多数学、几何学（如人体比例等）、音乐的思想，开启了艺术与美的规范，是理想化、艺术化的范例，对后世产生了巨大影响。

后世许多城市规划的核心思想，都来自古希腊、古罗马的美学。

文艺复兴时代罗马匠人发明了透视法，给城市规划、空间、功能带来了深化的可能。

拉斐尔，《雅典学院》（局部）

雅典——密布的建筑与山

视觉美（三维）

现代的雅典，当你从高处远眺过去，眼前是一片密布的建筑，仿佛是一座繁华的大都市一样，只不过这座"大都市"不是由摩天大楼构成的，而是由白色石材的建筑构成的，如同古时的大都市。远处的山地与下面的一片城市相比，如同富士山之于东京城市的关系。

雅典城中的山是雅典的非常重要的标志或说是灵魂所在。爱丁堡、罗马也具有类似的山。但是，相比起雅典，爱丁堡城内的山被遮挡在了其下面的建筑的高耸的尖顶之中，而罗马城内的"罗马七山"的地位也因城内如此精妙绝伦的建筑遗迹而有所冲淡。而雅典城内的山，其地位是至高无上的，无论人们身处城市中的哪个地方，都会在心里朝着它瞻仰一番。

雅典卫城（Acropolis），仿佛是一座高

高在上的城上城、"天空之城"。雅典卫城
至少在四个方面充分体现出"乐于顺应和
利用各种复杂的地形以构成活泼多变的城
市、建筑景观"的惟妙技巧。

首先，建筑的体量与山体十分协调。
单体建筑不过于大，不会产生以点代面
的感觉，压倒自然山体，避免看起来像
个要塞；也没有过于小、过密，以免看
起来十分零星，或像爱丁堡那样把建筑
密集地建造到山上，如同"上山运动"。
这里的建筑体量与自然协调，只有帕提
农神庙相对于人体，尺度是较大的，是
"神"的尺度。

其次，视角转换自然。如果人们从山
门进入雅典卫城位于山顶的场地，那么他
一定是视角始终向上的，仰视神庙（直到
他走到了最高点）。而如果他来到半圆形
露天剧场，他一定是视角始终向下的。剧
场被建造在了山下，而不是山顶。山顶上
没有建造下沉空间。因此，在山下就以"向
下的空间"为主，在山上就以"向上的空
间"为主。

第三，色彩及材质互相呼应。建筑的

如雕刻一样完美的雅典卫城

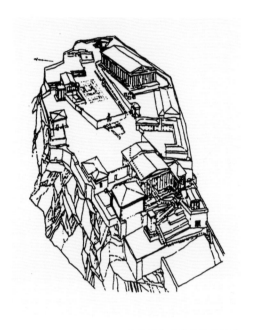
古代雅典卫城的透视效果

屋顶、立面的色彩和材质感，都与山顶
的颜色十分接近，二者浑然一体。建筑
群就像是从山体岩石中自然生长出来的
一样。

第四，功能突出。限于雅典卫城的范
围内，建筑群的功能单一且具有独立性，
并没有建成一个城市多功能综合体，而是
全部以神庙、神殿、圣所为主。这种风格

上、功能上的单一，也是有其美感的，就
像一个校园内的建筑群，虽然风格、功能
单一，却也美丽。

雅典卫城坐落于高高的山体上，使得
雅典卫城就像是一个被海水围绕着的岛，
不会受到下面的市民住宅蔓延的侵扰。这
里的建筑风格保持着不同于外界，就是一
个专门供奉神灵的"岛"、密密麻麻的城

雅典卫城山

雅典卫城建筑上的女像柱　　　　　　　　　　帕提农神庙　　　　　　　　　　　　雅典卫城鸟瞰

月光中的帕提农神庙　　　　　　　　　　　　雅典赫菲斯托斯神庙

雅典卫城、山体、下沉古剧场的鸟瞰

城市建筑映衬着卫城山

市中的一座"伊甸园"、一片净土，难怪近代曾经有规划方案想将皇宫建造在这里，把整个山顶的建筑群整体上作为皇宫的后花园。

山上的建筑群所缺少的一些公共性的功能，被放到了其他处。与神庙等同等重要的，是山下的巨大广场，市民可以在这里展开公共活动。雅典卫城（为"神"服务）与广场（为人服务）共同构成了古代雅典的城市功能与风景。

雅典卫城的下沉剧场

雅典的规划

一、希波丹姆斯的比雷埃夫斯城（Piraeus）港口规划

公元前 480 年，雅典因战乱而被夷为平地，雅典人将城市重建，打造成为古文明当中最金碧辉煌的城市，这也是一个转折点，从此雅典的主要的海港从帕勒隆（Phaleron）迁移到了比雷埃夫斯，从而成为爱琴海的贸易中心。同时邀请了希波丹姆斯为围墙之内的城市规划住宅区。希波丹姆斯厌恶旧有的混乱的布局方式，试图在希腊的城市规划中加上一种新的秩序。

哈佛菲尔德（Haverfield）在其著作《古代城镇规划》（Ancient Town Planning）中提到：希腊的城镇规划很可能起源于雅典，有古代的作家记载着希波丹姆斯在雅典从事过规划工作［在伯里克利（Pericles）的主持下］。亚里士多德讲述道：希波丹姆斯曾用笔直的道路系统，规划了雅典的港口——比雷埃夫斯城。比雷埃夫斯城的规划，包含着彼此呈直角相交的平行的街道，和方块状的住宅街区，其中，较长的街道通向海滩，较短的街道通向码头。

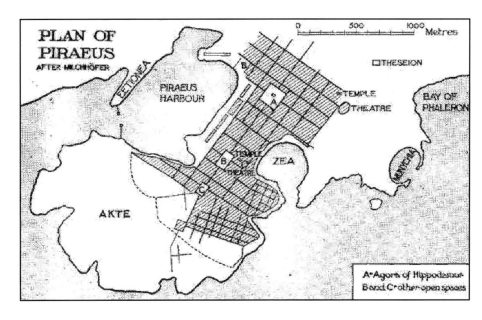

比雷埃夫斯规划平面图

比雷埃夫斯城鸟瞰

希腊罗得城

希波丹姆斯引入了笔直、宽阔的街道网格的原则，他在住宅的恰当的成组布置方面制定了规则，特别留心了城镇中的若干不同的部分以和谐的方式组合成为一个整体，并围绕着位于中心的市场。这些原则，在比雷埃夫斯城的规划图中清晰可见。

希波丹姆斯的规划方案，是在一个不规则的、不为长方形的边界范围内布局了整个城镇。值得注意的是，广场不像一般的"九宫格"那样完全限制在一个街区内，而是整个广场处在道路的交叉口上，并切割了周围的4个街区。

希波丹姆斯规划的住宅区，体现出了公民平等的思想，每个街区内均等地摆放10栋住宅，精确计算等分空间，邻里之间都用围墙分隔开，以避免邻里矛盾。

一些文献中提到了雅典"城市布局不规则，无轴线关系"，而在比雷埃夫斯城的规划方案中，这种轴线十分明显，整体

上形成了倾斜的轴线，向南侧指向了海滩，向东、西两侧则指向了港口。从前页的"比雷埃夫斯规划平面图"中可以看出，广场以及其他公共场所（图中的A、B、C）也处于一条轴线上。为什么轴线是倾斜的？这也许与它所处的这个半岛呈现向西南倾斜的狭长形有关。

另外，从雅典卫城与比雷埃夫斯城的地理位置关系还可以思考这条轴线之所以倾斜还与什么有关。雅典卫城位于比雷埃

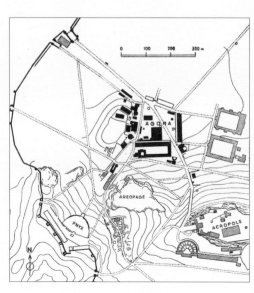

古希腊雅典城市规划图

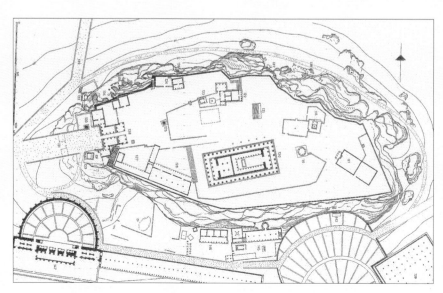

雅典卫城的平面图

夫斯城的东北侧，二者之间的连线，与希波丹姆斯规划的轴线，其倾斜的角度是多么的相似！

比雷埃夫斯城体现了几何化、程序化、典雅的希波丹姆斯规划形式。如果把这些纵向的轴线与"Long Walls"（环绕雅典、比雷埃夫斯及两者之间连线的长长的围墙带）连接起来视为一体，就形成一个雅典卫城与海岸之前的大轴线，就像古代玛雅人的祭坛朝向指向太阳、月亮一样，又或是锡林浩特的贝子庙的轴线指向北京一样，都体现了一种"圣洁"、"朝圣"、"致敬"的感觉。

这种象征含义，就好比贝多芬创造性地以巴赫的"赋格"为形式，创作了自己的奏鸣曲一样，是在向先人表达敬意。

二、雅典卫城的规划

雅典卫城是在雅典领袖伯里克利的指导下进行规划，并于公元前 447 年开始建造的。从平面图上看，雅典卫城包括布雷之门、山门、帕提农神庙、雅典娜古神殿、厄里希翁神殿、雅典娜胜利神庙、雅典娜雕像、狄俄尼索斯剧场、欧迈尼斯柱廊、阿迪库斯露天剧场以及若干座的圣所、圣坛。

雅典卫城在城内的一个陡峭的高于平地 70~80 米的山顶上，用乱石在四周砌挡形成大平台。平台东西长约 280 米，南北最宽处为 130 米。山势险要。只有一个上下孔道。卫城发展了民间圣地建筑群自由活泼的布局方式。建筑物的安排顺应地势。卫城的建筑布局不是刻板的简单轴线关系。

但是，雅典卫城的平面布局也不是杂乱无章的。其空间布局的最重要特征是以神庙为核心。在建筑的朝向方面也有一些考究，例如山门的设计者特意将山门的朝

帕提农神庙

向扭转了 40 度，以使得人们从山门走出时，正好通过门洞看到帕勒隆战场——那正是雅典人赢得战争并走向黄金时代的分水岭。在雅典卫城还特意立碑记载着建造工人的名字。另外，建筑群之中有一个隐含的规律——由西侧的山门开始，至帕提农神庙，建筑的体量逐渐由小变大。而从帕提农神庙向东侧，建筑的体量逐渐由大变小。因此，在卫城山这一相对独立的场地空间内，存在着小—大—小的过渡。

这就像一部歌剧，由序幕，逐渐发展达到高潮，而后又由一个尾声逐渐走向结束。如果卫城山上的建筑都表达了一个统一主题，那么，它们整体上就相当于一部歌剧，而其中各个独立的建筑，就相当于歌曲中的各个场景、各个曲目，它们之间是有发展和逻辑关联的。

雅典卫城及周边城区的平面

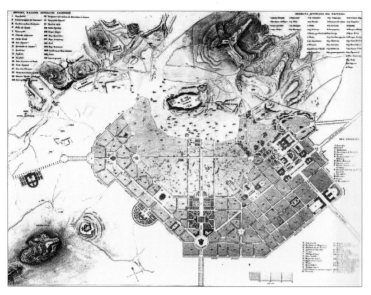

Klenze 在 1830 年代所做的雅典规划方案

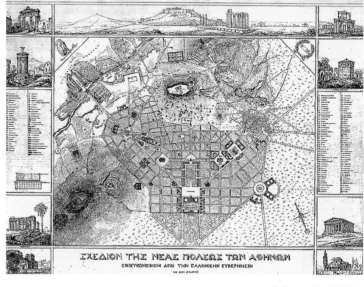

雅典 19 世纪的规划

三、现代雅典的规划

19 世纪，在希腊国王巴伐利亚的奥托（Otto of Bavaria）的委任之下，Stamatios Kleanthis 和 Eduard Schaubert 着手为刚刚成为现代希腊首都的雅典制定规划。在当时，雅典只相当于一个中等规模的市镇，环绕在卫城山山脚下。Stamatios Kleanthis 和 Eduard Schaubert 面临一个选择：应该梳理、延伸现有的街道、街区结构，还是另选址建立一个新的城市中心？最终，他们决定在卫城以北，规划建造一个新城。其中一个决定性的因素，是想让新城在地形上形成与古城相连接的愿望。最终，皇宫被布局在卫城山以北，而此后 Klenze 的修改方案中，强调将老城完全保护起来，将皇宫布局在老城以东。几版规划方案一致的地方，是平面几何图形（一个等腰三角形）的视觉美。

规划方案中的新城的肌理，与老城属于完全不同的两种类型。但是规划师将其无缝地衔接在了一起，并没有像爱丁堡那样在新城、老城之间引入一条大的绿带加以隔离。根据文献记录，新城与老城的统一性，不仅在于地形上，也在于它们被同样的轴线贯穿着。

两条最明显的轴线是"横轴"——埃尔穆大街与"纵轴"——雅典娜大街。从规划图中可以大致看出新城呈三角形，而老城连同卫城山，亦构成了一个三角形，两个三角形是上、下对称的，对称轴就是"横轴"埃尔穆大街。两个三角形恰好组成了一个正方形，在这个正方形内，雅典的重要神庙遗迹、广场、博物馆等密集分布。不能不说，"轴对称"这一几何规则，帮助解决了老城与新城关系的问题。

城市精神

最后，雅典这座城市，透露着什么样的精神气质呢？

在古希腊，人们建造城邦的首要任务就是敬神与塑造公共空间，建立巨大的广场，用于公共交流，将城市的居民放在了第一位，由市民自己去管理城市，于是就慢慢形成了我们所熟知的城市。古代的雅典深刻地体现这一特征。回顾一下前面的介绍分析的名城，加以比较，可以发现，在古代雅典，坐落在城市中心位置的不是皇宫，不是防御性的城堡，不是大教堂，而是神庙、巨大的公共广场。

因此古代雅典人非常注意城市中人们的公共交流的作用。

古代的雅典人的广场允许来自不同地位、阶层的人们一起进来参加讨论，显示出了开放性。但是，另一方面，他们却在雅典城与海港周围修建了长长的围墙，把自己封闭在其中。

古代的雅典人因其城市的卫生设施的完善而自豪，可是另一方面却遭遇了一场万劫不复的瘟疫，出现大量的死难者。

雅典一方面拥有着瑰丽的阳光，城市十分明亮，但另一方面却遭受着比较严重的空气污染。

希腊在地理和文化上处于交叉口，人们说他们的感情属于东方，但理智属于西方。现代雅典人在文化、科技上比较恋旧，咖啡是他们生活中的一个重要部分。

亚里士多德曾说："美是由度量和秩序所组成的。"凡此种种可以总结出，雅典人具有"双重性"的特点（Dichotomy），他们在某一件事物上同时拥有相互对立的

艺术家关于古希腊奥林匹亚山的意象图

古代奥林匹克

两方面，并统一于一体。"每枚硬币都有两个面，每个事物都有正、反两方面"，这种辩证统一，如同中国"阴阳"的哲学思想。而且雅典人在城市建造、城市生活的过程中，对两个方面都能灵活把握、正确对待，这不能不说是一种艺术。雅典人将美与数量联系了起来。

奥林匹克运动会里充满着运动的美感。古代奥运会发源于希腊，现代的雅典举办过 1896 年和 2004 年两届夏季奥运会。现代的奥林匹克运动会的复兴（Zappas Olympics）最初是在雅典发生的，顾拜旦受到其启示，建立了国际奥委会，由此促成了 1896 年第一届现代奥运会的举办。雅典拥有着奥林匹克运动会的渊源和精神。

在本节开头所展现的拉斐尔的《雅典学院》（1510 ~ 1511 年），是以古希腊哲学家柏拉图所建的雅典学院为题，以古代七种自由艺术——即语法、修辞、逻辑、数学、几何、音乐、天文为基础，以表彰人类对智慧和真理的追求。艺术家企图以回忆历史上"黄金时代"的形式，寄托他对美好未来的向往。无论是画中描绘的各个行业领域的人们一起交流的那种大融合的场面，还是雅典学院，还是那古色古香的建筑空间，都是值得如今的人们向往的。

2.9　世界美术之城：巴黎

Paris

视觉美（二维）

　　巴黎的城市肌理有其独特之处。从巴黎的街道平面图上来看，巴黎的街道路网十分复杂。城市平面中，倾斜的街道和笔直的街道相互交织。

　　右图中，红色虚线框之内的街区的路网格局，看起来十分的饱满、自然而然。各个线段或弧线相交的角度都是那么的令人舒服，整体上好似蝴蝶扇动着的翅膀。蓝色虚线框之内的路网格局，是规则的几何放射线与不规则的自由曲线共同组成的，曲线就像木质材质的纹理、树的年轮一样，十分的自然。埃菲尔铁塔与司德岛周围的路网能辨认出比较规则的方格，这些规矩的方格与司德岛如一叶扁舟般的形态和埃菲尔铁塔的曲线形态构成了对比，相互映衬、相互平衡。

　　尽管蜿蜒的塞纳河穿城而过，但两岸的街道路网似乎没有顺应河流的形态而变得弯曲，而仍然以布满直线的形态呈现在我们面前。

　　我们不妨再通过"交叉口"这个角度来进行进一步分析。巴黎的街道纵横贯穿、发散、辐射的形状相交，形成了十分灵活多样的交叉口类型。在城市规划设计中，处理这些交叉口的建筑布局需要创意和灵活性，对于规划师、建筑师是否能够巧妙、得当的处理来说是一个考验。

　　从街道平面图中可以概括出如下的几种主要交叉口类型。

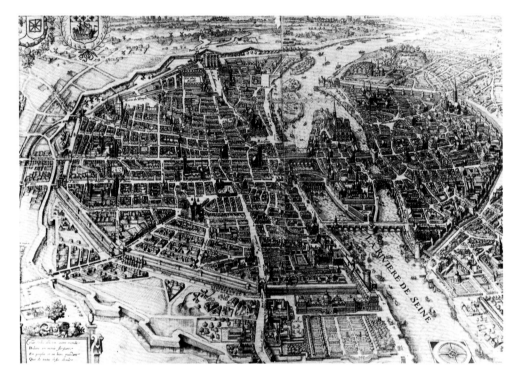

1615 年的巴黎市区图

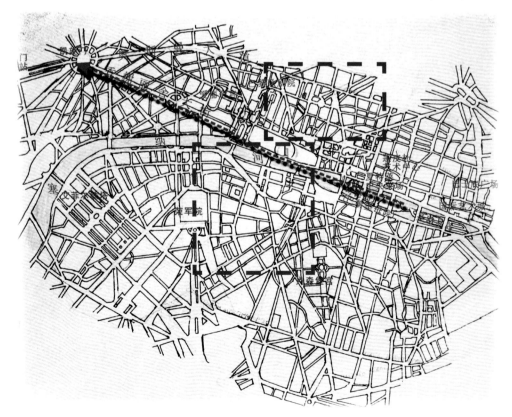

巴黎的街道平面图

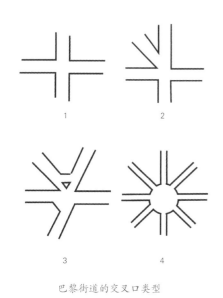

巴黎街道的交叉口类型

（1）直交型，少见，利于交通疏解，能烘托建筑庄严的气氛，但较不适合沿河流的弯曲布置，略显单调。

（2）直交＋斜交型。较常见，稍加管理能满足交通疏解。空间灵活，适合于沿河流或圆形广场布置。

（3）大约60度交的等分斜交型，多见，周围的建筑布局灵活多变，街角用地丰富，转角是塑造"面感"的重要契机。较不利于交通，需加环岛疏导。

（4）放射星型，较多见，既能烘托建筑的庄严感，又解决了附近斜路的归处。若加以交通管制或地下交通疏解，则可能发展成客流集散节点。

视觉美（三维）

巴黎的三维角度的独特的美感，在于大规模的、工整（或对称）的建筑群＋街道＋自然。

一、整齐的街道 + 建筑 + 树木

在巴黎的老城，城市的美感还在于建筑物的统一感。老城的建筑群大多是低矮的，街区的总体感觉是横向的生长、平铺在大地上，屋顶和立面都具有统一的色调。从有关的纪录片中可以看到，当一个人在街上移动时，他会感到两侧的建筑物的立

巴黎的秋天（水彩，颜宝臻作）

圣奥古斯汀教堂（颜宝臻作）

面是连续的，风格是统一的；登至高处，他也可以俯瞰这种整体的效果。

巴黎的老城的美感还在于其街道，特别是纵贯巴黎的许多条林荫大道。沿着每一条林荫大道的建筑界面，往往都非常齐整，仿佛是街道这把"裁纸刀""切割"出的结果一样。虽然十分整齐，但也不是像"火柴盒"建筑那样的呆板冷漠，相反，建筑立面的窗户、阳台都是有装饰性的，米黄色的墙体颜色也显得比较温和。林荫大道上的行道树，为街道添加了自然的景观，使得街道更加丰富有趣、生机盎然。

巴黎司法宫—太子广场一带鸟瞰　　　　　　　　　巴黎的城市规划艺术之美　　　　　　巴黎：突出的轴线感

圣心大教堂俯瞰

巴黎是福布斯评选出的十大全球最美城市之一，福布斯认为其中最著名的3个景点之一，就是香榭丽舍大街，巴黎因其宽阔的布满一排排树木的林荫大道而出名，它没有英国建筑的那种强调自我中心的性情，相反，"雷同性"是巴黎之美的一个有力的要素。

巴黎辐射型的城市形态结构

二、名胜散布在城市各处

在巴黎的老城分布有众多名胜，往往都是世界闻名的标志。埃菲尔铁塔、凯旋门、卢浮宫、巴黎圣母院、巴黎歌剧院……这些都早已令世人耳熟能详。世界闻名的建筑或是广场，在其他名城也并不少见。但巴黎用笔直的大道将相邻的世界名胜建筑或广场简洁地连接起来，没有迂回或绕远，几乎每条大道都通往一处纪念性建筑物。人们在路上移动时很容易在街道的首、尾看到名胜，人们在街上的游历会充满着期待和惊喜，沉浸在历史文化古迹的氛围中，如鱼得水。而名胜也往往都结合前面分析的4种交叉口类型，灵活而恰当地布局。

巴黎的地标构成至美的城市印象

三、对称之美

在巴黎许多宫殿、建筑群都呈现出大尺度层面上的对称性，它们不同于一般的小规模庭园中的那种几何对称，而是把对称的几何图形之美，有如大地艺术一般的"绘制"在了巴黎城市的地面之上。而且这种对称图案的布局，在巴黎非常多见，且多是非常著名的建筑群，因此可以说，对称性在巴黎具有主宰的地位，是工整的建筑物＋绿树的对称美的突出的表现。

从谷歌地球上俯瞰，这样的例子可以找到很多，如埃菲尔铁塔前、后广场的布

巴黎圣母院鸟瞰

体现至美的城市空间——巴黎司德岛鸟瞰

巴黎的桥（速写，颜宝臻作）

巴黎圣母院

沿街建筑立面，街道尽头是名胜建筑　　　　　大尺度的对称（从埃菲尔铁塔望向对面的夏洛特宫）　　　　　大尺度的对称

巴黎四区市政厅后面的一条古老的街巷（速写，颜宝臻作）　　　　　塞纳河对面的街景（速写，颜宝臻作）　　　　　巴黎古巷的街角（速写，颜宝臻作）

塞纳河畔的巴黎圣母院

巴黎桑斯古宅

克吕尼博物馆

局，卢浮宫的平面布局，以及荣军院、夏洛特宫等等。位于巴黎郊外的凡尔赛宫，从空中俯瞰，它在整体上处于一条18英里的大轴线对称。

四、美之始祖——巴黎的老街巷

巴黎保留有一些中世纪时期迷人的老街巷，可以在蓬皮杜艺术中心附近的玛黑区（Marais）找到它们的踪迹。

从图中可以看出，巴黎的这些老街巷，如果与那些林荫大道两侧的建筑群比较的话，我们会发现老街巷的每座建筑的面宽都比较窄，呈现竖直的细长形状，道路也比较狭窄、弯曲，屋顶则是一个一个独立的三角形（或梯形）。

哥特式的巴黎圣母院

玛黑区的老街巷的建筑曾经大多是贵族的建筑，玛黑区曾经是一个巴黎的主要的美术馆聚集区之一，现在已经发展成为了一个时尚潮流区，有许多时尚餐馆、时尚公寓。老街巷的建筑具有中世纪的风格，典型的中世纪建筑例如位于该区的桑斯图书馆（Hotel de Sens Paris），建于 1475 ~ 1507 年，原先是一座哥特式晚期——文艺复兴早期风格的城市宫殿，现在作为一家艺术图书馆使用，该建筑拥有许多尖顶，尖顶的灰蓝色色调是与巴黎屋顶主体色调相一致的。位于索邦大学旁边的克吕尼博物馆（Cluny）也是保存十分完好的中世纪建筑，里面收藏着许多中世纪的艺术珍品。

尽管这些老街巷与"大规模工整对称"之美感并不相同，但它们却是现代巴黎城市面貌的始祖，在色彩等方面与"大规模工整对称"的那些建筑群是有共同点的，大规模连续的建筑立面，可以看作是老街巷的小规模建筑的延伸、拉长或连通。如今，老街巷也有幸得以作为历史文化街区保护起来。

五、设计与城市经济的统一——拉德方斯新区

1970 年代巴黎拉德方斯的规划体现了"物质形体规划"的思潮，但同时又是"整体设计"的典型。它在设想中的一片空地上，兼顾建筑设计与城市设计，不仅考虑建筑体块，也考虑体块之间的相互关系，强调建筑与空间形态的连续性。如手绘图中所示的拉德方斯新区人行平台，运用了现代的城市设计手法，体现了设计与城市经济的联系。在大尺度空间中，汽车行驶空间和步行空间尽可能分离；在中、小尺度空间上，步行区域进一步增多，又进一步等级化，既有人们乐于光顾的空间，又有汽车可以方便靠近的空间。拉德方斯几乎整个区域的地面上都是步行主导的，地面上是无汽车的（这与威尼斯老城的无汽车化类似，但是这次竟然应用在了城市新区）。拉德方斯虽然是经济商务区，但也为就业者们创造了一个"步行者天堂"，它仿佛是特意延续了巴黎市民的散

巴黎拉德方斯新区鸟瞰

步嗜好。如果从凯旋门向西望去，会一直望见拉德方斯新区，这一条轴线，从老城向新区演变，仿佛像一首奏鸣曲，从古老的乐章开始，最终乐章达到了一个更高的境地——来到了发达的未来之区、步行者之天堂。

六、细节之中的巴黎特殊美：城市的装饰性、立面、色彩、线条

如果一个人身处巴黎，他可以看到色彩的美感：蓝灰色基调的屋顶并伴有红色的点缀，淡青色的教堂圆顶，还有黄绿相间的梧桐树叶、秋天地面上的落叶。他可以看到半圆形的拱门上规则而紧密的线条，显得很有质感，圆与直线协调搭配。巴黎的建筑立面、街道、商店、桥梁甚至地铁的入口，都被精心的用雕刻、铁艺、灯光、花纹等工艺元素装饰着。

巴黎的规划
——文化定位、艺术至上

巴黎是文化和艺术的化身。

巴黎的城市空气中都弥漫着艺术气息，绝不是夸张的。巴黎是世界美术名城，整座城市就是一座博物馆。艺术与美，是巴黎的象征，同时，艺术精神与科学精神、人文精神与自然生态环境达到高度的完美和谐。

尊贵典雅的品质，融入巴黎独特的生活方式，自由浪漫的文化气质，弥散在巴黎的古老街巷、圣殿、广场。如果从空中俯瞰巴黎，你就可以看到世界上最伟大、最壮观的城市规划。条条辐射线穿越这座世界名城。巴黎景观的中轴线是城市的文化命脉，塞纳河融汇了古今规划思想的灵

魂，滋润无尽的财富之源，资源是无穷尽的。巴黎的城市规划是艺术结晶。

登上凯旋门的顶端，吕德的《马赛曲》浮雕赞颂着荣耀与梦想。从高视点俯瞰巴黎，可以见到"中心辐射式规划"的布局结构之完美，以香榭丽舍大街为主线，串通巴黎；16条放射线的大道，向空间辐射，形成无限开阔的视野和奇特的城市射线景观，从凯旋门辐射到巴黎的各个空间方位。

巴黎执政官奥斯曼，推行了著名的"奥斯曼"城市规划，改变了巴黎整个城市的形态和面貌。巴黎有条"奥斯曼大道"就是以这位城市规划的构建者来命名的。位置在巴黎歌剧院，巴黎最名贵的商业区域、黄金地段。

奥斯曼规划改变了巴黎，也曾经在他所在的那个年代引发了极大争议。历史上

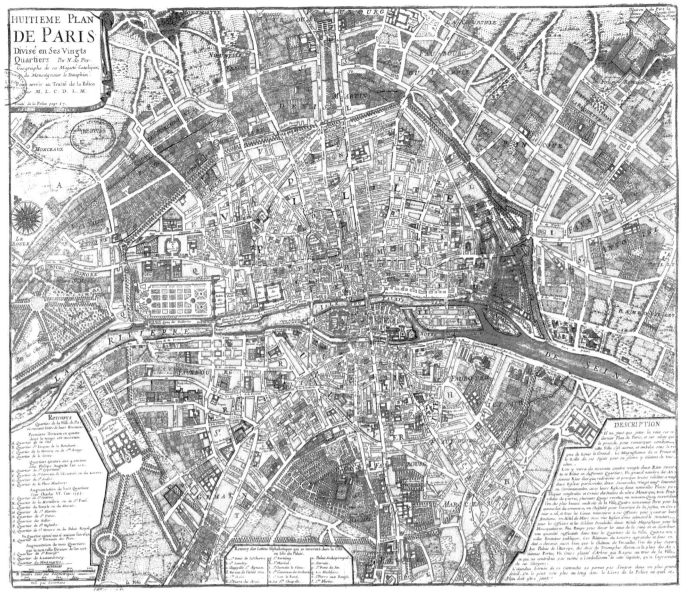

巴黎 1705 年规划图，显示老城墙及外围新建地区

也曾有不同的评价。但奥斯曼规划还是占有很高的历史地位的，特别是研究世界城市规划史，奥斯曼无疑是个富有创见的里程碑式人物。他的规划特点是：

（1）以辐射的大道取得城市流量的动态平衡，纵横交错，但方位导向明确。

（2）以流线型为结构线，统一道路旁的建筑格局，围绕包起建筑，使之出现"城墙包城"的整体态势，视觉上畅达完美。用"包饺子"、"打包"的方式把建筑包起来，从空中看出"皮包馅"的整体视觉效果，避免了琐碎杂乱。

（3）以色彩统一巴黎。巴黎的整体色调是"高级灰"，由巴黎的建筑屋顶的色彩，统一了巴黎整体色调墙面，区域的分界、道路、桥梁、色彩都是浪漫抒情的灰色调，比较雅致，色调极富于"高雅的情韵"。

（4）区域功能分明。以大块的绿色衬托"朦胧灰"的塞纳河沿岸：宫殿、广场、歌剧院、教堂。巴黎的区域大致分为 13 个区，区域方位的标识，与邮区号、汽车尾号都是统一的。这是巴黎城市编码编程的特色，易于识别。

奥斯曼规划更值得注意的是将城市文化保护与建设完美统一。任何拓展扩建都以保护文化建筑为重心。文脉不割、不断、不变、不散、不乱，延续了城市文化，美化了城市也保护了城市历史文化的遗存，这需要卓越的文化头脑和智慧。

巴黎的色彩，是城市规划与艺术最为突出的视觉特征。巴黎色彩格调雅致而偏冷色，罗马的色调是明亮热情的橙红暖色系。巴黎城市规划的色彩控制，是个独特的"色控功能体系"，用柔和典雅的色调统一了巴黎。

城市规划的艺术高度，既是整体的宏观调控，也是综合的艺术处理。巴黎奥斯曼规划确立了几个重要的坐标：巴黎由古典形态到现代城市形态的转变；城市功能的格局转变；城市文化景观、文化遗产的保护与城市变革并行，科学与艺术内涵的转变等。总之，是由相对陈旧向世界名城转变。

文化定位的核心作用，是奥斯曼城市规划的主导思想和特征。文化定位、艺术至上，就确立了城市规划的基础是以人文精神、文化艺术来确立城市规格与规模的底盘。巴黎的分区，有人将其分为左岸和右岸（以塞纳河为界）。巴黎以智慧资源、历史艺术史名胜为主导，定位城市格局是成功的。这个主导方向是体现在奥斯曼规划中的，多条大道辐射的中心聚焦点，一定是有名的文化建筑作主体的，比如巴黎歌剧院、玛得莱纳教堂。放射状的路，纵横交错的中心点，都定位在文化名胜景观上，体现了艺术至上的主体思想，延伸到规划的布局结构，这是巴黎的结晶。

巴黎中轴线的核心定位，也是基于这一主导思想的。香榭丽舍大道是中心中轴线，十六条路以凯旋门为中心，放射、辐射到多个文化艺术名胜景点。点、线、面的辐射与贯穿，维系了巴黎的文化定位

巴黎歌剧院建筑立面

凡尔赛城堡大理石庭院（Cour de Marbre）

系统。

达·芬奇的笔记手稿中曾经最早提出这一思想，即辐射与形象的贯通，辐射的点是原点也是定位核心，射线的流向是动态的构成。

城市规划本质上就是设法实施时空的立体化艺术构成，把城市布局中的重点变为城市规划"纵横有象"的定位焦点，是

用美的轴线连接"人心与文脉的终端"，用城市规划美的轴线连接心灵与文脉的终端。所以说，奥斯曼巴黎规划的启示是——文化定位、艺术至上。

巴洛克古典美的现代形态

巴黎在城市区域布局规划方面，具有规划特色与优势。在轴心、轴线的文化区域定位，在轴心（中心）与辐射线、方位线的确立，在区域布局规划的方位——定位与定向系统，以及在结构形态布局的韵律与节奏等方面，巴黎显示出高超而精美的规划思想和规划形式手法，通过完美的规划设计，拓展、延伸城市文化的容量，扩展城市美的容量。通过艺术，使城市的品质更加完美，使城市的各种功能更加完善。

奥斯曼设立了城市规划布局的"文化轴心"、"艺术主线"、"文化流动、延伸的辐射线"，布局结构的交会点上，即是城市文化构成元素的重心。巴黎的区域规划并不是切割再拼合，而是区域规划系统。这个系统同步定位了许多信息流程，法国的大学布局都是大区域规划（以大学为区域中心，再配置中学、小学等），这样可以保持布局均衡，经过精心规划而形成新的空间布局定位，保持动态的平衡，保持城市的活力和立体的效应，使城市更加完美。

1655 年，法国国王在法兰西学院的基础上成立了皇家绘画与雕刻学院，并于 1671 年又成立了建筑学院，专门用来培养规划师与建筑师，以艺术的设计使城市规划更好地体现尊贵的艺术理想和美学观念。

在巴黎的城市规划与发展的过程中，巴黎的城市规划师和建筑师敏锐地发现了

凡尔赛宫城堡花园

弗朗索瓦·吉拉尔顿（Francois Girardon），凡尔赛宫西蒂斯石窟的雕像《被西蒂斯仙女们簇拥的阿波罗》

古典园林中规整、平直的道路系统和圆形交会点的美学潜力，并迅速将它们移植到整个城市的空间体系中。

勒诺特（A.Le Nôtre 设计的维康宫（Vaux-Le-Vicomte）、A.Lenote 设计的凡尔赛宫（Palais de Versailles）都是完美体现这一规划思想的范例，并显然成了法国最为完美的规划空间体系。

最早运用古典园林与城市规划结合艺术设计思想的是 G. Richelien 和造园大师勒诺特在巴黎郊外设计的许多新城堡，将巴黎城市与近郊的宫殿、花园和城镇等共同组成了一个具有艺术美感的大尺度的景观环境综合体，使规划更具有艺术气息和美的气派，把环境、建筑、自然结构组合成一个完美的艺术综合体。

PONT DES
ARTS
2003.10.22

PARIS

从巴黎艺术桥眺望卢浮宫（写生，颜宝臻作）

巴黎蒙马特（写生，颜宝臻作）

从塞纳河眺望巴黎圣母院（写生，颜宝臻作）

巴黎的古巷（写生，颜宝臻作）

卡米拉·克罗黛尔
CAMILLE
CLAUDEL

写月情人旧宅
2003. 10. 10.
于巴黎圣路易岛
塞纳河PARIS

克罗黛尔故居（写生，颜宝臻作）

巴黎桑斯古宅（速写，颜宝臻作）

组图:巴黎古巷(写生,颜宝臻作)

奥斯曼规划的
巨大意义与作用

　　奥斯曼成功的规划使巴黎的艺术气派和城市气象更加完美,成为 19 世纪全世界最美的城市之一。

　　奥斯曼推进并发展了罗马的巴洛克规划艺术,使巴黎的城市形态更美,使巴黎的自然生态和城市形态完美和谐,使巴黎的城市功能和空间定位系统更加艺术化,推进了巴洛克的现代化。

　　奥斯曼这位巴黎的执政官是有文化头脑和规划才华的!他主持的巴黎规划影响了欧洲各国,也影响了全世界的城市规划,因为奥斯曼是以美为核心推进巴洛克规划

组图：巴黎古巷一角（写生，颜宝臻作）

的，形成了古典美与现代的空间规划方式中的最高程度的大规模艺术建构。

因为他的规划，巴黎的城市形象更美。

奥斯曼规划制定了巴黎的城市色调和艺术格调；定位了城市动态运行系统的文化坐标；规定了巴黎建筑的空间高度和美化的法规。奥斯曼规划确立了巴黎纵横二条城市主轴线，在巴黎的主轴线东西两端建立了两大超级森林公园：布洛涅和万塞纳，还兴建了塞纳河沿岸的河滨绿地和宽阔的花园式的林荫大道。

奥斯曼引领了世界城市规划的转折点。对于城市规划的艺术法则，奥斯曼是影响全世界城市规划的，他的唯美主义与古典美的现代形态以及建立在文化定位、艺术至上的城市规划原则，影响欧洲各国。

巴黎芭嘉黛尔公园
（ Parc de Bagatelle ）
（写生，颜宝臻作）

巴黎巴尔扎克故居
（写生，颜宝臻作）

2.10　音乐名城：维也纳

VIENNA

维也纳是世界音乐名城。这座城市的空气里都弥漫着音乐艺术的气息。维也纳面积 415 平方公里，人口约 150 万，多瑙河穿城而过。由于维也纳地处中欧的核心位置，从这里可以到达布拉格、布达佩斯、萨格勒布、萨尔茨堡和慕尼黑等城市，交通网络发达。维也纳自然生态环境优美，全城共计有 419 个音乐名胜景点，是名副其实的音乐之城。

维也纳人富足的优雅生活综合了种种文化艺术形态。维也纳城市规划总体也是艺术化的，并且具有浪漫的情调。罗马与巴黎都是以视觉艺术与造型艺术综合体而著称于世的，而维也纳却是世界音乐家的舞台，音乐名城，成为美丽的维也纳的城市象征。

建筑物带有音乐功能

一、维也纳的音乐厅和歌剧院闻名于世

凯恩特内托剧院（Kärntnertor Theater）、城堡剧院（Burgtheater）、维登剧院（Theater auf der Wieden，或 "Freihaus Theater"）、莱奥波德施泰特剧院（Leopoldstädter Theater）、约瑟夫施达特剧院（Theater in der Josefstadt）、维也纳河畔剧院（Theater an der Wien）、维也纳国家歌剧院（Vienna State Opera）、维也纳室内歌剧院（Wiener Kammeroper）等，都是维也纳的舞台。音乐之友协会的金色大厅（The Musikverein），是世界上最著名的音乐厅之一。勃拉姆斯曾在此任音乐总监。在金色大厅里首演的交响曲有勃拉姆斯的《第二交响曲》《第三交响曲》，布鲁克纳的《第二交响曲》《第六交响曲》《第九交响曲》和马勒的《第九交响曲》。维也纳第二个举世闻名的音乐厅就是音乐会厅

维也纳鸟瞰，尖塔和圆顶支撑着艺术感

维也纳歌剧院

（ The Konzerthaus ），位置紧邻维也纳音乐与表演艺术大学。许多极具声誉的国际音乐名家就在此举办了奥地利的首场演出，比如莱奥纳德·伯恩斯坦、祖宾·梅塔、洛林·马泽尔、阿尔弗雷德·布伦德尔、迪特里希·费舍尔·迪斯考、西蒙拉特尔等。路德维希·鲍曼构思规划、

设计建造了一座音乐"神庙"，他的思路最终带来了音乐会厅的诞生。鲍曼担任建筑师，两位卓越的剧院设计师也加入了行列，他们就是为整个欧洲设计了 40 多座音乐厅和剧院的费迪南德·费尔纳和赫尔曼·戈特利布·赫尔梅尔。

二、为作曲家而保留的博物馆

维也纳不仅是音乐表演的城市，也是音乐创作的城市。维也纳博物馆开设了 8 个专为作曲家而保留的博物馆，其中包括莫扎特博物馆、贝多芬博物馆、舒伯特博物馆、海顿博物馆、勃拉姆斯纪念室和小约翰·施特劳斯博物馆。大部分都坐落于作曲家生前的故居。维也纳的建筑师艾尔萨·普洛查兹卡设计了这 8 座博物馆的展厅，让维也纳成为音乐家永久的故乡。古乐器收藏馆（ The Collection of Ancient Musical Instruments ）是维也纳艺术史博物馆的一部分，也是世界上最著名的乐器博物馆之一。

维也纳的莫扎特雕像

表 2-1　维也纳主要音乐家故居一览表

音乐家	故居名称	说　明
	海利根施塔特贝多芬故居	1802 年，贝多芬在此写下了"海利根施塔特遗嘱"
	贝多芬的帕斯克瓦拉蒂故居	贝多芬曾在 1804 至 1815 年间多次居住这里
	海顿故居	海顿从 1797 年开始居住在这里，直到 1809 年去世
	莫扎特故居	以前名为费加罗屋，莫扎特在这里创作了《费加罗的婚礼》
	舒伯特出生地	舒伯特于 1797 年 1 月 1 日诞生在这座房屋里，并在此度过了生命中的最后几年
	多瑙河华尔兹住宅	小约翰·施特劳斯于 1867 年在这里写下《蓝色多瑙河》
	阿诺尔特·勋伯格中心	展出勋伯格的音乐手稿和文字手稿等遗物

资料来源：维也纳旅游局，目的地导游手册（2010 年版），2009 年 10 月

泰瑞莎女王

三、音乐家故居与公墓为世界之最

维也纳的中央公墓（Central Cemetery）对于音乐朝圣者来说是一个令人敬仰的音乐圣灵之地，被称作音乐家墓地，安息着世界音乐史中最伟大的灵魂。贝多芬、莫扎特、舒伯特、勃拉姆斯、小约翰·施特劳斯之墓前常年摆满敬献者的鲜花。维也纳是音乐家的摇篮与墓地，整座城遍布音乐家的故居和音乐活动的足迹，是名副其实的世界音乐之都。

维也纳拥有众多知名音乐家的纪念地。包括舒伯特、施特劳斯在内的 11 位世界闻名的大音乐家出生于维也纳。贝多芬、莫扎特、勃拉姆斯等 15 位大音乐家曾在此工作过。音乐家故居、音乐家纪念馆与公墓一样，世界闻名。

四、泰瑞莎女王与维也纳的音乐及城市规划

维也纳是一个滋养音乐灵感的城市。城堡剧院，是座宏伟的音乐圣殿。这座城堡剧院是 1741 年玛丽亚·泰瑞莎（Theresianum）下令，在霍夫堡一座舞厅

旧址上创建的。她下令建造了维也纳的一些宫殿、花园和维也纳的植物园（Botanical Gardens）。维也纳现有泰瑞莎纪念馆。这座建筑原是皇室的夏宫，但 1683 年被全部重建。维也纳的建筑师和剧院设计家博内希尼将其设计成巴洛克式风格。1746 年，玛丽亚·泰瑞莎迁至夏宫丽泉宫居住。玛丽亚·泰瑞莎于 1754 年创建了维也纳的植物园，她是维也纳城市规划与艺术史上有决策影响力的人物。

从东南方向看维也纳维迪沃教堂（Votiv Church）和市政厅

维也纳的宫殿、美术馆和博物馆

维也纳的市政厅和博物馆区相对比较集中，充分展现了这座历史文化名城的魅力。许多珍贵的艺术收藏品都陈列于昔日典雅的皇宫里。

丽泉宫由埃尔拉赫设计，是以巴黎的凡尔赛宫为蓝本而建造的。金斯基宫、霍夫堡、尤金亲王的冬宫、弗洛伊德故居等都引人入胜。维也纳奈哈特壁画屋现存1400年的壁画，画面描绘了中世纪的游吟诗人雷武恩塔所作的一些歌曲中的情景，弥足珍贵。

维也纳城市规划的音乐美

费加罗之家，1784 ～ 1787 年莫扎特就居住在这栋巴洛克式建筑中，创作出他的杰作《费加罗的婚礼》。

维也纳艺术史博物馆（ Kunsthistorishches Museum ）是世界上最著名的博物馆之一。巴洛克与中世纪艺术博物馆（ Museum of Baroque and Medieval Art ）、阿尔贝提纳博物馆（ Albertina ）、大教堂博物馆（ Cathedral Museum ）、奥地利应用美术博物馆（ Austrian Museum of Applied Arts ）、19 至 20 世纪艺术馆（ Museum of 19th and 20th Century Art ）、维也纳分离派美术馆、维也纳城市历史博物馆（ Historical Museum of the City of Vienna ）、美术协会、维也纳艺术之家、乐器博物馆、时钟博物馆、自然历史博物馆、医学史博物馆、特殊典藏博物馆等都是维也纳城市文化的精品。从各种门类、各种派别的艺术博物馆的命名来看，维也纳是一座汇聚、珍藏了各种美的城市。

史瓦辰贝格宫（ Schuwarzenberg Palace ）1697 年由希尔德布朗特设计。18 世纪 30 年代，经埃尔拉赫重新设计。皇宫的花园象征优美的池塘中的喷泉，由埃尔拉赫设计。

帕尔菲宫，莫扎特的歌剧《费加罗的婚礼》曾经在此演出。

维也纳的教堂

维也纳城市规划的显著标志性建筑就是教堂。斯蒂芬大教堂（ Stephansdom ）是一座古老的哥特式建筑，史蒂芬大教堂经历了几百年才完工，位于市中心，建于 1147 年。斯蒂芬大教堂是维也纳的灵魂所在。大教堂至今还保留着中世纪风格。

河畔的玛丽雅教堂（ Maria am Gestade ），是维也纳最古老的建筑之一。

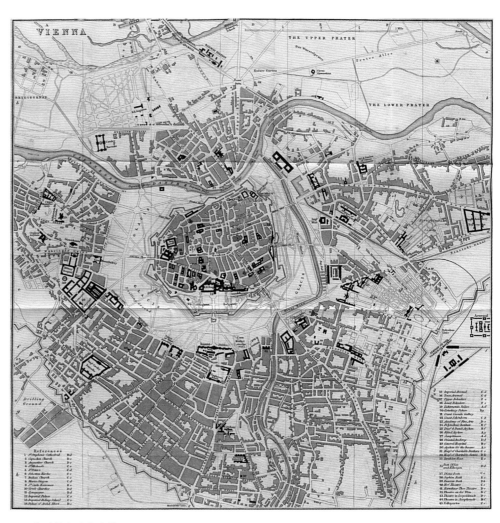

1858 年的维也纳平面图

1860 年维也纳环路规划

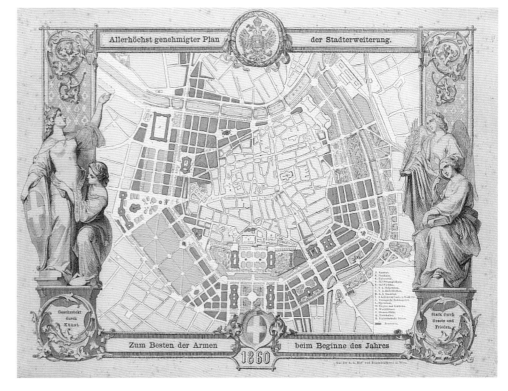

它拥有 56 米高的塔尖和高大的诗班席窗户。教堂本身的历史可以追溯到 1158 年，但目前的建筑竣工于 14 世纪末。安娜教堂（Annakirche），建于 1320 年。今日所见的安娜教堂建于 1629 ~ 1634 年，教堂内有精美的壁画。圣鲁普希特教堂（St. Ruprechtskirche）是维也纳最古老的教堂，其历史可追溯到 11 世纪。大宫廷教堂（Kirche am Hof）为纪念"九个唱诗班天使"而建，14 世纪末，加尔默罗会建造了这座天主教堂，1662 年，教堂的正面由卡隆尼重新设计。彼得教堂（Peterskirche）建于 12 世纪。它是以罗马的圣彼得大教堂为原型，由以蒙丹尼为首的一群建筑大师共同完成设计的。内部最引人注目的是雕刻家施奈德创作的讲道坛（1716

年），巨大的圆顶上的壁画则是由罗特迈尔绘制的。在诗班席的右侧，放置着马提利于 1729 年创作的圣内波蒙克雕像。他的殉难，常作为艺术家创作主题。

米夏尔教堂曾是宫廷的专属教堂，最古老的部分建于 13 世纪，教堂内有 14 世纪的壁画，有席伯于 1714 年精心雕琢的管风琴。

维也纳的建筑群及广场

维也纳的城市规划是城市中心辐射式的，维也纳的中央区共有 9 个（维也纳共 23 个区，1 至 9 区是市中心区），相对比较集中。维也纳大部分名胜古迹都集中在一个区域内。古代的维也纳城区，是由

斯蒂芬大教堂的蜿蜒曲折的街路和宽阔气派的广场所组成的。

漫步维也纳中心城区，无论从哪个角度眺望，都会看到 137 米高的尖塔。

霍夫堡区，是维也纳的时尚区，博物馆、画廊、教堂和精品店集中在这个区域。绅士巷，布满了王宫贵族的豪邸。米夏尔广场（Michaelerplatz）正对着霍夫堡宏伟入口处的米夏尔门。霍夫堡建筑群，是维也纳现在城市规划与艺术的景区，包括皇家宫殿、博物馆、教堂、奥地利国家图书馆、莫扎特纪念碑、城堡门、国会大厦、奥古斯汀教堂、阿尔贝提纳美术馆、约瑟夫广场、皇家马厩、马术学校、瑞士门、城堡礼拜堂、安马林堡、奥地利总统办公室等。布鲁克厅是奥地利国家图书馆最华丽的大

维也纳奥地利国家图书馆、新帝国宫建筑群鸟瞰

维也纳观景楼

维也纳议会大厦的正立面和雅典娜喷泉

厅，布鲁克厅长达 77 米，是欧洲最大的巴洛克式图书馆。米夏尔门、边楼与国会大厦边楼具有王者之风。整座建筑群的艺术格局与空间关系非常和谐，建筑群的结合关系极具音乐美感和造型艺术之美。

约瑟夫广场（Josefsplatz），正对着霍夫堡有两座皇宫：帕拉维西尼宫，建于1783 ~ 1784 年，设计者是霍亨贝格。帕尔菲宫建于 16 世纪。帝王时代，这里常举办化装舞会。后来华丽厅的左侧扩建成一座图书馆，由帕克西设计。他是玛丽亚·泰瑞莎女王十分欣赏的一位建筑师。

维也纳的整体规划富有音乐感，特别是区域规划的建筑群，整体结构布局严谨，非常完美。特别是霍夫堡建筑群，更显示出规划的艺术感。

维也纳是个面积相当小的城市，六大名胜区、市中心九个区都可以步行，是一个适宜漫步的世界音乐名城。在玛丽亚·泰瑞莎女王统治维也纳的漫长时间里，维也纳安宁、富足。丽泉宫就是女王在那时所建。同时玛丽亚·泰瑞莎女王也将维也纳发展成为一个欧洲的音乐之都。1786 年莫扎特《费加罗的婚礼》在新堡首演，1791 年，莫扎特的《魔笛》（The Magic Flute）首演。1805 年，贝多芬的《英雄交响曲》和歌剧《费黛里欧》在维也纳河畔剧院首演。

观景楼，在维也纳城市规划中是一处重要的艺术规划区域。观景楼原是尤金亲王的夏宫，由希尔德布朗特设计（1683 年兴建）。宫殿依缓缓的山坡而建，一座由吉拉德设计的法式花园将其中的两座宫殿连为一体。依自然地势，花园形成了三个层次，每一层都具有优雅的古典韵味，空间布局结构极具艺术美感。花园的最下面一层象征着四大元素，中间层象征帕那斯山，而上层则代表奥林帕斯山。1700 年，希尔德布朗特成为维也纳的宫廷建筑师，他是少数能与埃尔拉赫匹敌的大师之一。除了观景楼之外，他还设计了荀贝格宫、金斯基宫和玛丽亚·泰瑞莎教堂。北观景楼坐落于花园的最高处，正面很美，比南观景楼更加精美。如今这里隶属于奥地利国家美术馆，陈列着 19 ~ 20 世纪的绘画藏品，克里姆特1901 年所绘制的精品，将《旧约》中的女英雄描绘成维也纳的女妖，是克里姆特经典代表作品。南观景楼里，坐落着奥地利巴洛克艺术馆。维也纳黄金时代（约 1683 — 1780 年）的艺术家们的作品，几乎全都收藏于此。

维也纳鸟瞰

多瑙河畔维也纳周边的古城

　　维也纳以西约 80 公里外，拥有欧洲最绚丽多姿的多瑙河风光。约翰·施特劳斯的名曲《蓝色多瑙河》正是受多瑙河美丽的景色震撼而激发灵感创作的。两岸的山谷里，城堡和教堂林立，美不胜收。从克瑞姆斯到梅尔克，大约三万年前就有人类居住。沿多瑙河泛舟而行，可以欣赏山光水色、古堡丛林的美景。

　　从克瑞姆斯到德恩斯丹，美丽的文艺复兴古城施泰因直到近代才与克瑞姆斯合并，城里有一座中世纪的中心。施泰因城的街尽头坐落着巴洛克艺术家施密特的故居。漫步山边的小街上，多瑙河对岸的哥特维格修道院是典型的巴洛克式建筑艺术精品。乘船航行 8 公里后，就会经过一座

保存完好的中世纪古城——德恩斯丹。巴洛克式教堂上面还有一座城堡的废墟。古城德恩斯丹仍保留着大部分的中世纪和巴洛克式风格的建筑。从罗萨兹到佛森的酿酒村，就坐落在德恩斯丹的正对面，几个世纪以来这里一直在酿酒，而且一度曾是个码头。1700 年左右，其中的文艺复兴式城堡和哥特式教堂都已被改为巴洛克式。卫森基亨教堂的历史可以追溯到 15 ~ 16 世纪，和约欣·佛森一样，因酿酒而闻名于世。

　　盘踞在山上的圣米夏尔教堂清晰可见，建于 1500 ~ 1523 年间。在河对岸的山顶上，坐落着另外一座 14 世纪的拱门废墟。1645 年，瑞典即是经由此门而长驱直入史匹兹。史匹兹是美丽的酒乡，位于山脚下，"千桶山"的名字是因年酿酒 1000 桶而得名。再前行，就会发现一处

如墙壁般的断崖。1463 年，位于施瓦伦巴赫的教堂，被重新建造起来。它因史前时代的出土文物而闻名，其中包括雕像维纳斯。阿格斯丹也有一座城堡的废墟，高高地耸立于河畔的山顶上。1429 年，此城堡重新扩建。

　　从荀布海尔城堡到梅尔克，景观令人印象深刻。风景如画的荀布海尔城堡俯瞰多瑙河，耸立于山岩上。航程中最精彩的景观是梅尔克的本笃会修道院。在这座美丽的古城里，极具浪漫气息的街巷保留着许多文艺复兴式的房屋。由艾科的同名小说改编的电影《玫瑰的名字》，即以巴洛克式的这座修道院为故事开头和结尾的背景。这里收藏有许多名画、雕塑和装饰艺术品。修道院的大图书馆里拥有从 9 世纪到 15 世纪的古籍 2000 卷。教堂里还有一架华美的管风琴。

2.11 多瑙河畔的名城：布达佩斯
BUDAPEST

　　布达佩斯是欧洲联盟第七大城市。该市是在 1873 年由位于多瑙河西岸的布达和东岸的佩斯两座城市合并而成的。

　　布达与佩斯发展迅速的原因之一是因为两座城市之间有一座铁链桥（Chain Bridge）相联。

　　1849 年革命政府就已经将布达、佩斯和老布达合并为一个城市了。但是哈布斯堡王朝恢复了它的统治后又将这个合并取消了。直到 1872 年两城才正式合并。此前两座城市就已经开始合作讨论建筑和城市规划的问题了。

多瑙河东岸的布达佩斯天际线　　　　　　　　　　　　　　　　铁链桥

布达佩斯的分区按顺时针方向逐圈向外递增，一共分 23 个区。其中前 22 个区是 1950 年 1 月 1 日制定的，第 23 个区是后来从第 22 区分出去的。区号使用罗马数字标志。

布达佩斯横跨多瑙河的两岸。匈牙利国会大厦位于多瑙河沿岸，其新哥特式的建筑风格是其标志特征。

在多瑙河西岸，是布达佩斯的丘陵地区（Hilly Buda），那里的主要地标性建筑物

渔人堡　　　　　　　　　　　　　　　　　　　　　　布达佩斯鸟瞰

是城堡山（Castle Hill）。在巨大的铁链桥与城堡山之间，修建有一条自 1870 年起就使用的索道（Buda Funicular），当时用于运送在城堡山工作的工人。另一座著名的地标性建筑物是拥有 800 年历史的马加什教堂（Matthias Church）。大教堂在历史上也曾经被损毁多次，之后又被重建，1896 年，布达佩斯千年大庆典时，人们为大教堂修建了华丽的尖顶。大教堂外面，就比邻着渔人堡（Fisherman's Bastion），渔人堡是布达佩斯的一个象征，是从高处眺望城市景观的一个好地方。在中世纪时期，渔人堡的下面就是水产市场。

布达佩斯有 86 座剧院、两座歌剧院、众多音乐厅、音乐俱乐部和大小电影院、32 个博物馆和许多小艺术馆。

佩斯（Pest）是布达佩斯的公寓及商业设施集中的区域，这个区域的步行区的主要广场叫作弗洛斯马提广场（Vorosmarty Ter），附近坐落着布达佩斯的国家歌剧院。

1896 年匈牙利庆祝马扎尔人定居 1000 周年暨布达佩斯千年大庆典，市内修建了许多大型的工程，比如英雄广场以及欧洲大陆上的第一座地铁。96 成了吉祥数字，重要的台阶是 96 级的，一些圆顶是 96 米高的。

在安德拉斯大道 (Andrassy Boulevard) 之尽头，坐落着英雄广场（Heroes' Square），这是一座巨大的广场，两端分别各以一座博物馆为端点。在英雄广场后是城市公园，包括动物园、马戏场、滑冰场和塞切尼温泉浴场。这座城市中拥有 20 多座传统的矿物质大浴池。

布达佩斯的街道网络主要以环形和放射形为主。这些主街道之间则主要是很古老、狭窄的街道，现在大多数是单行线。

布达佩斯城市规划的形态结构纵览

跨多瑙河发展的布达佩斯鸟瞰

布达佩斯城堡山的夜景

多瑙河沿岸的布达佩斯城市天际线

布达佩斯城堡山

2.12 世界时间之城：伦敦

LONDON

伦敦的城市规划及艺术气息

伦敦是世界文化名城，它的城市规划，对世界各国都是有很大影响力的。作为欧洲最大的城市，伦敦的人口大约有 700 万，面积有 1600 平方公里。作为英国的首都，伦敦是在公元 1 世纪由罗马人建立的。几千年来，这里不仅是英国君主的居住地，而且是与欧洲和世界进行贸易的港口。英国是工业革命的发源地，格林尼治是世界计时的标准。伦敦是英国的政治、商业和文化中心，并且有丰富的历史建筑和各个历史时期的历史遗迹。维多利亚塔楼和大本钟是伦敦的象征，皇家画廊位于维多利亚塔楼旁，威斯敏斯特宫是伦敦城市规划

的标志之一。早在 10 世纪时，英国就修建了第一座教堂。伦敦的哥特式威斯敏斯特教堂兴建于 1245 年，是由亨利三世建造的。威斯敏斯特教堂规划设计完美，是英国君主加冕之处所，地位特殊。威斯敏斯特宫（Westminster Palace）是伦敦最漂亮的建筑之一。威斯敏斯特宫，位于泰晤士河畔，公元 11 世纪就建成，气势宏伟。威斯敏斯特宫的大本钟从 1859 年起就开始为英国整个国家精确报时。现在的新哥特式风格的完美结构是由查尔斯·巴里爵士在 1834 年在被大火焚毁的旧宫殿遗址上重新设计建造的。从 16 世纪开始，1512 年以来，英国的上议院和下议院就开始在此办公。上议院是由贵族、高级法官、主教和大主教组成的。下议院包括选

举产生的下议院议员。下议院议员占多数的政党组成政府，政党领袖成为首相。议会大厦向公众开放。上议院是有着奢华装饰的哥特式建筑，由普金于 1836 ~ 1837 年设计建造。下议院在 1941 年被大火焚毁，后被重建。

泰晤士河穿越伦敦。伦敦大桥（伦敦塔桥）是伦敦的象征标志性建筑。这座闻名于世、令人惊叹的维多利亚时代的工程是由贺瑞斯·琼斯爵士设计的。1894 年竣工后，它很快成为伦敦的标志。塔桥是可以开启的，提升开启桥面后形成一个 40 米高、60 米宽的空间通道，足够大型轮船从伦敦塔桥下面穿过。开启伦敦塔桥是很壮观的场面。

伦敦的城市规划特色是伦敦的公园和花园。伦敦是欧洲最大的城市，伦敦的市中心是世界上最绿的大都会市中心。城市中的花园有很多树木和大面积的草坪。其中一些从中世纪开始就已经成为公共用地。从有摄政公园到尤基植物园，伦敦就置于各具特色的花园中，尽管伦敦的人口密度颇大，但城市中处处可见花园与绿地。

理查蒙德公园，是伦敦最大的皇家公园。鹿在园中自由漫步，还有如诗如画的河畔美景。1500 年修建的一座宫殿残余部分展示古典之美。这一带保留了一些英国贵族的府邸豪宅别墅群。圣詹姆斯公园通向白金汉宫，地处城市中心。海德公园和肯辛顿公园是伦敦很著名的公园。1872 年起，任何人都能在海德公园演讲。古老的海德庄园是威斯敏斯特教堂领地的一

伦敦的城市意象

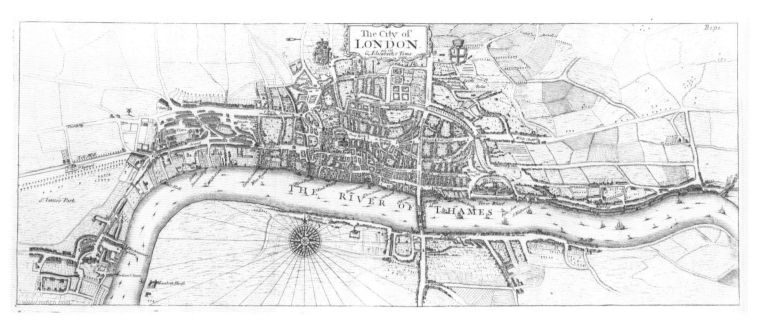

伊丽莎白时代的伦敦地图　　　　　　　　　　　　　　　　伦敦议会大厦

部分。17 世纪初，海德公园向公众开放。
毗邻海德公园的是肯辛顿公园，曾经属于
肯辛顿宫。从 17 世纪 90 年代开始到 1760
年乔治三世搬到白金汉宫为止，肯辛顿
宫（Kensington）一直都是英国皇室的住所。
肯辛顿宫外面的年轻的维多利亚女王的雕
像，由维多利亚女王的女儿路易丝公主创
作。维多利亚女王从 18 岁起开始加冕成
为英国女王，开启了维多利亚时代。

　　英国花园的风格是与英国的规划建筑
同步发展起来的。这些花园具有贵族气派
和艺术格调，花园中带有湖泊、森林和牧
场，还有宫殿、美术馆等，极具英国特色。

　　花园城市、田园城市规划的创建者都
是英国人。布朗（1715 — 1783）是英国
最具影响力的花园设计大师，他使花园风
格从传统的规整式花园转变成田园风格。
17 世纪英国贵族的花园，如威廉三世时
期汉普顿宫的皇家花园极具艺术美感。英
国的花园还建有古代神庙，通常都是模仿
希腊神庙建造的。18 世纪的贵族花园和
庄园从古希腊、古罗马的建筑体系中吸取
灵感。

　　伦敦的摄政公园和布卢姆斯伯里，
是伦敦规划中的文化名人和富人聚集地。
摄政公园南部边缘的高密度住宅区由约
翰·纳什设计。约翰·纳什（1752 —

伦敦威斯敏斯特宫

伦敦圣保罗大教堂鸟瞰

1835）是兰贝区一位造水车匠的儿子。从18世纪80年代起，约翰·纳什就开始进行建筑设计。直到完成"皇家之道"之后，成为一位很有建树的城市规划设计师。他对伦敦的建筑规划有整体的影响。他还规划建构了白金汉宫及布赖顿王宫的重建工作。他还规划设计了伦敦著名的特拉法尔加广场和圣詹姆士公园。摄政时代的伦敦是由他整体规划设计的。以摄政王子命名的摄政公园同样也是由约翰·纳什设计的。公园位于凯旋之路的尽头，如今的摄政公园是英国皇室园林中最繁盛的公园，有露天剧场、大型动物园和玫瑰花园等。

布卢姆斯伯里四周围绕着风景如画的花园广场，这里直到19世纪中期一直都是伦敦最时髦的地区之一。1753年建成的大英博物馆和1828年创立的伦敦大学都位于这一区域，是乔治·萧伯纳、查尔斯·狄更斯和卡尔·马克思等名人、艺术家、作家和知识分子的主要活动场所。

这一地区还是一个传统的书籍贸易中心。如今依然是伦敦文化气息浓厚的文学艺术区域。

伦敦的城市规划与艺术，是有国际影响力的。就城市的气象而言，伦敦和巴黎是影响全世界的，城市的气质与气息，形成城市的文化形象。贵族绅士风度，也是伦敦的城市风范传统。巴黎也是讲究贵族气派和流行时尚结合的城市。无论如何，城市的活力是精神文化气象所造就的。

在罗马人占领英国的350年里，英国成了殖民地，至今英国仍保留罗马时代英国的许多历史遗迹。英国国内许多城市最早都是由罗马人建立的，都有罗马遗迹，包括约克郡、切斯特市、圣奥尔本、科尔切斯特、巴斯、林肯市和伦敦。巴斯的罗马公共浴池，名为萨利斯泉，建于公元1世纪至4世纪之间，但直到19世纪70年代才被人们发现，规模宏大，设施豪华。可以见到古罗马人精湛的建造技术。巴斯在城市规划史上是很有名的。

"世界时间的起点"

伦敦是全世界标准时间的计时中心。

大本钟（Big Ben）从1858年悬挂于泰晤士河畔为伦敦报时，另外四个小钟每刻钟敲一次。大本钟并不是指位于议会大厦上106米（348英尺）高塔上的那个举世闻名的四面钟，而是指高塔中的整点即鸣响且重达14吨的大共鸣钟。该钟取名于1858年负责悬挂大本钟的总工程师本杰明·霍尔爵士（Sir Benjamin Hall），由怀特礼拜堂铸造。高塔上的四面钟是全英国最大的时钟。钟面直径长达7.5米（23英尺），分针长4.25米（14英尺），从1859年5月使用以来即为英国伦敦报时，其稳重深沉的钟声成为英国的象征，而且每天都在BBC电台播出。

将伦敦称为"世界时间之城"，是因为伦敦拥有一处世界文化遗产——格林尼治公园。格林尼治公园对伦敦的意义非常

重要。从 1884 年起，标准的世界时间就
从格林尼治皇家天文台测量计时，是全世
界计时中心。格林尼治皇家天文台旧址位
于格林尼治公园内，格林尼治子午线从这
里穿过。

根据地球自转规律，太阳处于中天最
高点时直接照射某一特定地点（格林尼治
子午线），早先时期，天文学家将该时间
定为格林威治正午，其余时间采用 24 小
时循环制。于是，人们根据太阳中天位置
就可以进行测时。

格林尼治时间曾经被用作国际标准时
间，从伦敦的 BBC 广播电台向世界各地
发出报时。后来，格林尼治子午线被定为
本初子午线零度。本初子午线对于航海时
的经度测定十分重要，因此它对于航海地
图有着重要的意义。格林尼治仍然保留着
为泰晤士河上行船的船舶校准时间的这一
习俗。自 1833 年以来，每天中午的 12 点
58 分，一只鲜红的气球从天文台塔楼升起，
在 13 点整时准时降下来。

正午时太阳在最高点直接照射格林
尼治子午线，这一天文地理现象具有星象
学的象征意义，类似于埃及金字塔塔尖直
接通达宇宙的那种喻义，对于人类在时空
间中确立自身的定位而言十分重要。也就
是说，人（"我"）处于天地时空体系内的
一个中心的位置，并能以自己制定的报时
系统来进行工作、交通、定位等活动，人
（"我"）是具有相当程度的能动性的。这
种思想根植于西方的文化之中。

源于 1833 年的天文台报时风俗，也
与这一地区的河道文化、航海文化相关联，
广义上也属于一种流传于历史之中的技
艺。一如泰晤士河畔威斯敏斯特宫的"大
本钟"每天进行报时一样。

2012 年伦敦奥运会之后，伦敦成为
世界上唯一一座举办过 3 次夏季现代奥运

格林尼治皇家天文台

伦敦圣保罗大教堂与时钟

古典与现代完美融合的伦敦

灯光交相辉映的伦敦圣保罗大教堂

会的城市。2012 年伦敦奥运会的场址靠近格林威治附近的金融中心、摄政公园附近的行政办公中心。格林尼治虽然并不属于发达的现代化地区，但却包含着可称之为"重要"的历史积淀，对伦敦整座城市来说仍然具有吸引力和召唤力。

可以说，格林尼治时间的发明，让人类得以在时空中确立自己的坐标，对于城市规划的意义就在于它为整个规划体系提供了规划依据。

"时间之城"的另外一个方面，指的是伦敦城市之内新、旧建筑相互比邻，形成了"现代化"与"传统"两个层面交替掩映的格局。传统的地标如大本钟塔楼、塔桥等，与新近修建的地标如"伦敦之眼"等，共同构成了丰富绚丽的城市天际线。

温莎城堡

克里斯托弗·雷恩爵士
与伦敦的规划

2000 年前，罗马人在"伦敦城"建立了第一个交易站，从那时起，这里就成了英伦三岛的经济中心，直到现在。多年前，这里是伦敦的主要住宅区，现在已几乎无人居住，现有许多豪华银行。伦敦城有多不胜数的教堂，其中很多都是 1666 年大火之后，由建筑师克里斯托弗·雷恩（1632 — 1732）主持修建的。他从 31 岁时开始了他的建筑生涯。1666 年的伦敦大火使中世纪时期的圣保罗大教堂成为废墟。克里斯托弗·雷恩重建了伦敦城，重建了圣保罗大教堂，其间共修建 52 座新教堂，因此成为英国建筑界的头号人物之一。虽然克里斯托弗·雷恩从来没到过意大利，但他的规划设计受到了罗马时期、巴洛克和文艺复兴时期的建筑风格的影响。正如他的代表作——圣保罗大教堂所显示的一样。他创建了伦敦最宏伟的巴洛克式大教堂，大教堂成为伦敦的象征性

克里斯托弗·雷恩爵士

伦敦威斯敏斯特教堂建筑立面

建筑。圣保罗大教堂建于 1675～1710 年间，穹顶的黄金钟楼可以俯瞰伦敦的壮丽景色，天窗重达 8500 吨。圣保罗大教堂使克里斯托弗·雷恩爵士成为最负盛名的英国规划建筑师，成为世界建筑史上不朽的人物。他活了 100 岁。

约翰·索恩爵士，是一位砖匠的儿子，后来成为乔治时代英国最著名的建筑师，开创了折中的后现代建筑风格，他跟一个富有的建筑商的女儿结婚后（约翰·索恩后来继承了这位建筑商的财产），他购买并重建了林肯社区 13 号，1814 年他和妻子搬进这里，现成为约翰·索恩爵士博物馆。

"伦敦城"是伦敦最古老的地方，1666 年的伦敦大火几乎毁灭了这里一切。克里斯托弗·雷恩重建了伦敦城，除圣保罗大教堂以外，圣史蒂芬·沃尔布鲁克教堂是克里斯托弗·雷恩公爵在 17 世纪 70 年代主持修建的，也是雷恩在伦敦城所建的教堂中最美丽的。

伦敦塔跟伦敦塔桥一样是伦敦最热门的景点之一。威廉继位（1006 年）之后不久，他在这里修建了一座古堡要塞，以防守从泰晤士河河口进入伦敦的入口。伦敦塔高 27 米，在 1097 年竣工，是当时伦敦的最高建筑。这座古堡是泰晤士最著名的城堡，吸引全世界的目光。登临古堡至今仍可见身着古老制服的伦敦塔卫士。

威斯敏斯特几千年以来都是英国的政治和宗教中心。位于伦敦西区，也是英国的文化中心，上层社会在伦敦的居住地。11 世纪时，克努特国王建造了威斯敏斯特宫，爱德华建立了威斯敏斯特教堂，从 1066 年起，所有的英国君主都在这里加冕，这里的圣保罗教堂是在 1633 年由琼斯设计的。皇家剧院也位于这个区域。由威廉·钱伯斯于 1770 年设计的萨默塞特剧院是伦敦三座著名美术馆——考陶尔德学院画廊、吉尔伯特收藏馆和艾尔米塔齐美术馆的所在地。位于泰晤士河畔的这个庭院是令人印象深刻的。英航伦敦眼，高 135 米，是世界上首座也是目前世界上最大的观景环形摩天轮。伦敦眼位于泰晤士河南岸，可以观览伦敦美丽景色。英国国家画廊和国家肖像画廊是这一区域最重要的美术馆。国家画廊是伦敦顶级的艺术博物馆，有 2300 幅藏品，成为英国所收藏欧洲艺术经典作品的核心，是世界级的美术博物馆。国家肖像画廊，展品从 15 世纪到现代的都有，以肖像艺术为主体的专业艺术博物馆。

全英国的博物馆都是免费的，包括伦敦的美术馆和博物馆。

皮卡迪利广场是伦敦环绕的交通枢纽，19 世纪早期这里是皮卡迪利街和约翰·纳什设计的摄政街的交叉路口。广场中心 1892 年竖立的爱神伊洛斯精美的雕像成为最吸引人之处。

自从亨利三世 16 世纪 30 年代建造了圣詹姆士宫以来，它的周围就成了追求时髦的宫廷生活的中心。现在，皮卡迪利内的商场的拱廊、饭店和电影院是伦敦时尚热闹区。皇家艺术协会以于 1768 年建立、已经持续了 200 多年的夏秀展览而驰名于世。丽茨酒店建于 1906 年，是伦敦最为著名的酒店之一。圣詹姆士宫旁的皇后礼拜堂是由英国的第一位伟大建筑师琼斯设计的，始建于 1623 年，1627 年完工。圣詹姆士大教堂是由克里斯托弗·雷恩于

大英博物馆

1648 年设计的。圣詹姆士广场是伦敦最受欢迎的地方之一。从特拉法尔加广场一直通到白金汉宫的宽阔的凯旋门是由阿斯顿·韦布于 1911 年对白金汉宫前部和维多利亚博物馆进行重新设计时创作的。一条宽阔的林荫大道与圣詹姆士公园边上的一条古老的小径相连，这是通往白金汉宫之路。这条路建于查理二世时期。当时它是伦敦最时髦、最世界性的步行街。伦敦

是英国的文化中心，拥有众多世界级的博物馆与美术馆。

大英博物馆是举世闻名的博物馆，创建于 1753 年，也是全世界最古老的博物馆。94 间展厅全长 4 公里（2.5 英里），是伦敦乃至英国的博物馆之最。

国家画廊（National Gallery）1824 年创建，美术馆的主体建筑是由威尔金斯（William Wilkins）以新古典风格设计的，建

于 1834 年至 1838 年。国家画廊收藏了2200 多幅世界美术珍品，大多为永久性展出，藏品包括从 13 世纪乔托（Giotto）的作品直到 19 世纪印象派作品。但重点是荷兰、意大利文艺复兴早期及 17 世纪西班牙绘画。国立肖像美术馆（National Portrait Gallery），是以肖像为主题的特色美术馆。

伦敦国家美术馆

泰德英国艺术博物馆（Tate Britain）中收藏着 16 世纪至 20 世纪最具代表性的英国艺术作品，有康斯泰勃尔风景画，沃特尔豪斯（J. W. Waterhouse）的经典代表作品《夏洛特夫人》（The Lady of Shalott，1888 年）、拉斐尔前派画家的作品及透纳的专门展厅。

从伦敦的区域划分，可知伦敦的城市规划特征是布局均衡的。

怀特霍尔和威斯敏斯特（Whitehall and Westminster）、皮卡迪利和圣詹姆斯（Piccadilly and St. James's）、索霍和特拉法尔加广场（Soho and Trafalgar Square）、科文特加登和滨河大道（Covent Garden and The Strand）（考文特花园和滨河大道）、布卢姆斯伯里和费茨洛维亚（Bloomsbury and Fitzrovia）、霍本和四法学会（Holborn and The Inns of Court）、伦敦城（The City）、史密斯菲尔德和斯皮特尔菲尔兹（Smithfield and Spitalfieds）、萨瑟克和河岸区（Southwark and Bankside）、南岸（South Bank）、切尔西（Chelsea）、南肯辛顿和骑士桥（South Kensington and Knightsbridge）、肯辛顿和荷兰公园（Kensington and Holland Park）、摄政公园和马里波恩（Regent's and Marylebone）、汉普斯特德（Hampstead）、格林威治和布莱克希思（Greenwich and Blackheath），以上这些区域都是均匀分布于伦敦的，都含有宫殿、教堂、音乐厅、剧院和美术博物馆。这种城市文化及区域功能均匀的布局，在城市规划与艺术的空间定位上是完美的。

伦敦中心的 14 个地区和巴黎的 14 个区从数字上相等，只是巴黎区域划分是以数字标识的，并且巴黎的分区是行政区、邮政区与所属区内的汽车尾号 2 位数是一致的。伦敦的分区却是以地标或历史名胜文物建筑命名的，也有以人名作为区域名称的。每个国家的情况不一样，但欧洲各国区域划分基本都具备由标志建筑景观、广场、教堂、戏院、博物馆、美术馆、音乐厅、宫殿、喷泉、文物古迹、大学、商店等组成的系统。

英国伦敦的城市规划系统既讲究空间秩序的完整，又寻求城市典雅的文化艺术气质和皇家气派。

伦敦最大的百货商店是哈洛德（Horrods）。伦敦的南肯辛顿众多的博物馆和学院使这个区域独具一种学术气氛。1851 年在海德公园举办的万国博览会极其成功，皇家艺术学院于 1837 年创办，霍克尼和布莱克等一批艺术家都出自这所学院。皇家管风琴家学院于 1876 年建成，皇家艾尔伯特音乐厅于 1870 年启用。皇家音乐学院 1894 年建成。布洛姆菲尔德爵士设计了这座带有浓厚的巴伐利亚色

《夏洛特夫人》

英国画家约翰·艾佛雷特·米莱斯（John Everett Millais）像

古典与现代兼具的伦敦地标象征系统

皇家艾尔伯特音乐厅

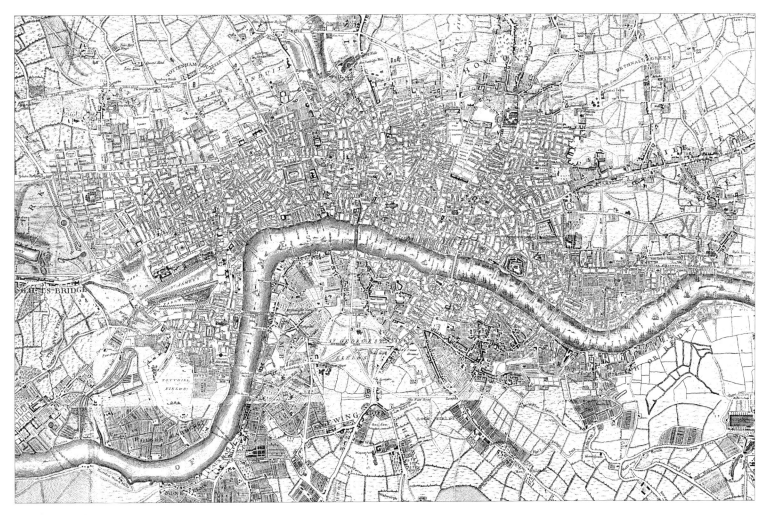

1741 年的伦敦地图

彩、有角塔的哥特式建筑。这所音乐学院于 1882 年由编纂音乐辞典的格罗夫创办。

维多利亚和艾尔伯特博物馆建于 1852 年，展线距离长达 11 公里（7 英里），共设有 145 个展厅，占据四个主楼层。展品以装饰艺术为主，同时也收藏大量精美的欧洲雕塑、水彩画、珠宝和乐器。英国作品馆在二、三层，四楼展示银器、玻璃、金饰等。一层收藏陈列大量中世纪和文艺复兴时期珍品及欧洲古代雕刻，是英国规模最大的博物馆。

泰晤士河穿过伦敦，乘船可以游览泰晤士河约 50 公里（30 英里）的沿途风光。航程西起汉普顿宫，东至位于旧船坞区的泰晤士水门。泰晤士河水上观赏伦敦是令人印象深刻的，从威斯敏斯特码头乘"Mercedes"号游艇环泰晤士河游览两岸风光，可以感受到伦敦城市规划与艺术之美。

从威斯敏斯特码头可以眺望壮丽宏伟的威斯敏斯特宫，航行线分为上行与下行两条泰晤士河游览线路：由此下行可达伦敦码头，可以下行至格林尼治（Greenwich），

还可以下行至泰晤士河闸门（Thames Barrier）。上行线可以上溯至基尤植物园（Kew）、里士满（Richmond）及汉普顿宫（Hampton Court）。从里士满山（Richmond）

眺望泰晤士河，使人联想到法国卢瓦尔河流域绮丽的风光，充满抒情浪漫的艺术格调。黄昏时分的泰晤士河最富浪漫情调。圣保罗大教堂、伦敦城、伦敦塔桥、伦敦塔、

伦敦圣凯瑟琳船坞航拍图

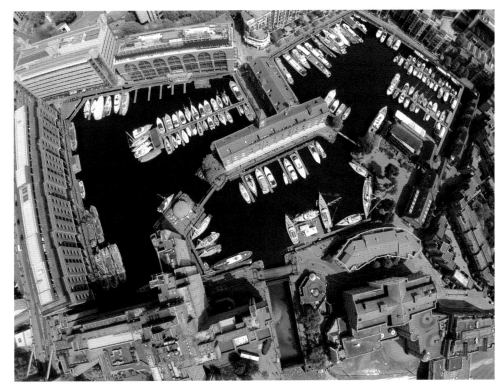

英国伦敦

从泰晤士河眺望伦敦

伦敦维多利亚和艾尔伯特博物馆

伦敦圣约翰大教堂

伦敦塔

伦敦塔丘（Tower Hill）鸟瞰

伦敦皇家歌剧院

伦敦塔桥

伦敦威斯敏斯特宫鸟瞰

威斯敏斯特桥、萨瑟克桥、滑铁卢桥、塔桥（Tower Bridge）是伦敦的象征。泰晤士名胜景区集中在从威斯敏斯特至黑修士桥（Blackfriars Bridge），从萨瑟克桥到圣凯瑟琳船坞（St. Katharine's Dock）。昔日船坞如今已成为极佳的观览景区，位于伦敦塔和塔桥旁边，游艇码头停泊豪华游艇，蔚为壮观。位于伦敦市中心的圣凯瑟琳船坞由泰尔福特设计，于1828年投入使用。

圣凯瑟琳船坞目前是英国最完美的船坞之一，拥有商业、住宅、娱乐等设施，包括饭店、游艇、码头等，由伦敦塔桥畔的喷泉美人鱼雕像就可到达游艇码头，美丽的圣凯瑟琳船坞。

圣凯瑟琳克里教堂建于17世纪，带有中世纪塔楼的教堂，是幸免于1666年伦敦大火的八所教堂之一。其中17世纪的管风琴，是普赛尔与亨德尔曾经用来演出过的管风琴。

泰晤士河是见证伦敦城市规划发展的。泰晤士河是伦敦发展史上最重要的一条河，途径威斯敏斯特宫、大本钟，威斯敏斯特教堂从1066年以来就是英国王室举行加冕仪式的地方，也是英国历代君王的墓葬地，在国家意识中占据独一无二的至尊地位。既是国家教堂，又是博物馆，是伦敦中世纪杰出的建筑，举世闻名。泰晤士河畔的国宴厅在英国建筑史上有极重要的意义。设计师琼斯（Inigo Jones）在意大利之行后在伦敦中心区设计了一座带有古典帕拉第奥风格的建筑，1622年建成。1630年，查理一世委托鲁本斯（Rubens）在天花板上绘制壁画。

圣约翰大教堂（St. John's）由阿契尔（Thomas Archer）设计建造，是英国巴洛克建筑杰出之作，1728年竣工。横跨穿越泰晤士河 Hungeford Railway Bridge 大桥，有一座现代建筑，既是火车站又是商业中心——查令十字商业大楼（Charing Cros），它和查令十字旅馆都是1863年由皇家歌剧院（Royal Opera House）的建筑师巴利设计的。皇家歌剧院1732年建成，1892年瓦格纳（Wagner）创作的歌剧《指环》，即是在皇家歌剧院进行英国首演，当时的指挥是马勒（Gustav Mahler），伦敦大剧院（London Coliseum）于1904年由麦查姆（Frank Matcham）设计，是伦敦最大的剧场，同时也是最豪华的剧场之一，是伦敦最早拥有旋转舞台的剧场，也是欧洲第一座装设电梯的剧场。如今是英国国家歌剧院的总部。

维多利亚堤岸花园（Victoria Embankment Gardens），在建造泰晤士河堤时建造了这个狭长的公园。拥有美丽的花坛和许多英国杰出人物的雕像。其中包括苏格兰诗人彭斯（Robert Burns），夏季音乐会在此举办。建于1626年位于西北角的闸门是这里的历史性文物建筑物，是专为欢迎白金汉公爵进入泰晤士河的凯旋门。萨伏依饭店（Savoy Hotel）于1889年在萨伏依宫（Savoy Palace）原址上兴建落成。首创使用了卫浴套房及电力照明设备，是泰晤士河畔举世闻名的饭店。

萨伏依礼拜堂（Savoy Chapel），16世

伦敦威斯敏斯特修道院

纪时建立，1890 年成为伦敦第一座使用点灯照明的教堂，1936 年成为皇家维多利亚勋爵礼拜堂，现在是英国女王私人礼拜堂。

莱舍比与伦敦的规划

莱舍比（W. R. Lethaby），是一位崇尚中世纪文化艺术的人，面对散乱的伦敦、雾一样没有一定形式的状况，他提出了"黄金色弓形"规划。弯曲的泰晤士河组成了这个弓的弧形，弓的一端是圣保罗大教堂，另一端是威斯敏斯特教堂。弓上的箭是一条新开辟的大道，这条大道，飞跃泰晤士河上的滑铁卢大桥，直插伦敦的心脏，指向大不列颠博物馆。这是伦敦城市规划中一个大胆的解决办法。正像约翰·纳什（John Nash）建造的摄政大街（Regent Street）一样，是要切断相似的城市混乱地区的规划方案，两者有异曲同工之妙。黄金色弓形规划并不模仿奥斯曼的巴黎规划格式，并不建造宽广、对称的道路网和对角线交通大道。莱舍比在阐述他的规划方案时称："箭"将会开发泰晤士河上的景色，这条大街应该是一条风景优美的大道，禁止车辆通行。他应用这个方法，创造性的在城市混乱地区施行切除、切割术，而恢复了规划的空间秩序。当然，这并不是巴洛克典型的手法，而是采用了文艺复兴时期的规划师的艺术手法，只是在更大的范围、更广的区域、更长的距离上，用更大的规划力度去应用、实现这种规划方法。

英国建筑与规划师莱舍比

克里斯托弗·雷恩爵士

伦敦雷恩爵士博物馆

2.13　欧洲各国其他保存完好的古城

OTHER WELL RESERVED HISTORICAL CITIES IN EUROPE

世界城市规划与艺术史上的古城，许多已被列为世界文化遗产。探巡这些世界文化名城，古风犹存。或许作为世界城市规划史的界碑，古城依存，古迹俱在；或许已经成为考古遗迹留存在城市发展规划史的记忆中。那些经历几千年岁月而依然"健在"的古城，更是世界文化奇观。

世界城市规划史上一些早期的规划艺术格局，至今依然存在，这是值得庆幸的。我们可以见到城市文化形成及演变的实物真迹，可以亲眼所见，置身其中，领略那些历经沧桑而留存下来的城市规划艺术格局及其精心建造的城迹。

英国保存完好的古城

英国古城约克（York），是保持原貌最完好的古城，保留着中世纪城市规划艺术的整体布局。约克大教堂建于 1220 年，长度 158 米，左右两翼间宽 76 米，并且拥有英国数量最多的彩色玻璃，历时 250 年建成。1100 ～ 1500 年，约克是英国第二大城市。约克还有 18 座中世纪的教堂，4.8 公里长的中世纪城墙和精美的建筑。约克大教堂的彩色玻璃是英国面积最大的彩色玻璃。12 世纪，人们在玻璃生产过程中使用金属氧化物着色，使大教堂的玻璃窗成为艺术奇观，阳光透过彩色玻璃窗更显神秘神圣美感。面积最大的东大窗面积如网球场大小，描绘创世纪、诺亚方舟、福音者圣约翰等内容，是世界上最大的中世纪彩色玻璃。

约克大教堂

坎特伯雷

约克古城

乔维克维京城，是城中之城，包括法尔法克斯庄园、圣玛丽亚教堂。约克城堡博物馆、约克郡博物馆、建于 11 世纪的圣奥拉弗教堂、约克古堡、城门和古老的街道完美保留着时代印记。约克郡河谷还保留着许多中世纪遗迹，诸如里奇蒙城堡（建于 1071 年）、博尔顿城堡（1379 年）、米尔德汉姆城堡（1170 年）、斯基普顿城堡、喷泉修道院（1132 年）等，成为见证中世纪城市规划的天然博物馆。

坎特伯雷是举世闻名的。英国诗人杰弗里·乔叟（1345 — 1400 年）在《坎特伯雷故事集》中，记述了一队朝圣者到贝克特神殿的故事，这是英国最伟大的文学作品之一。坎特伯雷大教堂成了囊括中世纪期间所有建筑风格的典范，是英国的世界名胜。博丁安城堡，这座建于 14 世纪的城堡是英格兰最浪漫的城堡。多弗尔城堡 1198 年建在高耸的悬崖顶。拉伊是英国古老而迷人的城市。罗瑟河从拉伊汇入大海。拉伊是位于海峡口的古城，现仍然保留完好的古城布局，以前曾有座城门。建于 14 世纪的"陆门"至今保留原貌。"美人鱼大街"至今保留十四世纪风貌。伊利古城建于山脉之上，得名于附近的欧赛河的美洲鳗。伊利大教堂从 1083 年开始修建，整整历时 268 年才建成。

历史文化名城，并不在于其城市的规模而在于其"历史文化与艺术资源财富的综合含量"。中世纪的古城，规模都不是很大的，然而却因其名胜而闻名于世，比如英国的坎特伯雷大教堂因乔叟的诗篇而著名，成为英国乃至世界最著名的文化名城，坎特伯雷大教堂内保留着英国最古老的壁画。

萨尔茨堡

萨尔茨堡，是世界文化遗产，也是莫扎特的故乡。建在山上高耸云天的古城堡是整座城的标志。也是迄今为止欧洲最大、保存最完好的城堡之一，始建于 1077 年，直到十七世纪才把整座城堡建成。

沃尔夫冈·阿玛迪斯·莫扎特于 1756 年 1 月 27 日出生于萨尔茨堡。他的故居现今成为莫扎特博物馆。莫扎特音乐学院也建在萨尔茨堡。1997 年萨尔茨堡被确定为世界文化遗产。

萨尔茨堡的古城和新城以萨尔茨河为界。世界著名指挥家赫伯特·冯·卡拉扬 1908 年 4 月 15 日出生于萨尔茨堡，是世界最具影响力的指挥家之一，因具有"音乐帝王"的指挥风采而给世人留下美好印象。萨尔茨堡的名胜还有米拉贝尔宫殿及其花园（Schloss Mirabll und Mirabellgarten，建于 1606 年）；安尼阜宫殿（Schloss Anif）这座水上宫殿建于 16 世纪，护城河环绕的城堡景色优美。

萨尔茨堡也是世界的舞台，以音乐名城而著称于世。雷奥坡斯考宫（Schloss Leopoldskron）是萨尔茨堡最美丽的建筑，建于 1731 年。霍亨维芬城堡（Burg Hohenwerfen）建于 1077 年。

古城、古堡中的艺术气息

在城市规划建设史上，城堡是权势的象征，城市建立起初，城堡是王权皇家特权，常建在山顶高处的要塞，处于易守难攻之地。城市都有城墙和城堡，是城市的基本特征。建在水边的，都有护城墙和城堡。后来城堡的作用得以扩展。公元 10 世纪是建造城堡的高潮期。直到 11 世纪，才开始出现建于城堡周围的住宅区。后来人们也开始在城堡和庄园旁建造花园等颇具浪漫情调的建筑，特别是在法国、意大利和西班牙等地。古堡与城墙是城市的边界，也是古城景观最为卓绝之美的所在，较之现代"流线型"具有更加迷人的情调和独特的"城堡之城"的美感。

法国的古堡名城有的建在山谷中，有的建在河谷流域中，也有的建在沿海的岛屿上，风格独特。多尔多涅（Dordogne）被称作法国的"托斯卡纳"。多尔多涅河畔的山谷，是自然风光最美的地区之一，也是今日法国境内 12 世纪和 13 世纪的贵

萨尔茨堡霍亨维芬城堡

萨尔茨堡的"城"与"山"艺术格局

萨尔茨堡米拉贝尔宫殿及其花园

萨尔茨堡

尚蒂伊古堡（Chateau de Chantilly）

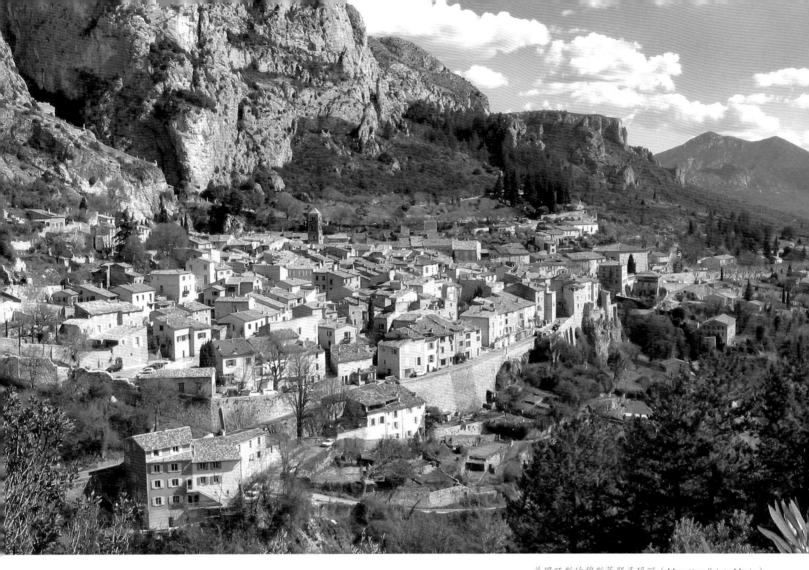

普罗旺斯的穆斯蒂耶圣玛丽（Moustiers Sainte Marie）

法国香侬古堡

法国勒吕德（Le Lude）城堡

法国香波堡

法国昂布瓦斯城堡（局部）

法国阿普勒蒙特城堡

族建筑较为集中的区域。拥有许多古代遗迹。多默城堡（Domme Castle）是多默城的壮丽景观。城中保留许多中世纪古建筑。城堡向南的一面朝向泰瑞特瑞（Territory）山谷，景色优美，属法国古城名胜景区。

　　法国城堡、教堂最为密集的地方，莫过于卢瓦尔河谷地带，在法国历史上以法国贵族的大花园而著称。在这里，沿河两岸有大小城堡数百座。其中许多建筑已被列入世界文化遗产。卢瓦尔河谷也成为法国最著名的世界遗产文化区。其中最古老的是"Bagneux Dolmen"，据推测它的建造年代可以追溯到5000年前。

　　卢瓦尔河流经大西洋岸卢瓦尔、曼恩卢瓦尔、安德尔卢瓦尔、卢瓦尔谢尔、卢瓦雷、谢尔六省区。在地理位置上，卢瓦尔河谷处于法国的中心地带。历史上这里很富饶美丽，资源富足。法国的王宫曾经在这里的奥尔良，那是法国最富足地区，直到法国首都迁往巴黎之前，王宫、国王都在这里。王公贵族在15～16世纪在这一地区兴建了大量的城堡，更增添了浪漫色彩情调。其中最著名的便是香波堡（法国皇帝的夏宫）和香侬堡。香波堡堪称法

法国昂布瓦斯城堡（局部）

国最美的城堡之一。其中有达·芬奇设计的法国城堡（达·芬奇是在法国去世的）。

　　卢瓦尔河流域的古城堡，跟中世纪那种防御性的高山险势城堡是有区别的。法国的王宫遗族多以贵族的享乐为目的而兴建格调高雅的贵族城堡，彰显王者富贵之风、浪漫格调。卢瓦尔河流域虽有几百座城堡，但艺术格调形态都是不同的。有的城堡规划比中世纪一座古城还要规模宏大。城堡都是以艺术格调、以美的规划显示皇家气概的，倾尽豪华之美。

　　"河畔阿普勒蒙特"是英式气息浓郁的法国古城。阿普勒蒙特城堡（Apremont Castle）以"古"、"秀"闻名于法国。城堡坐落于美丽的"阿普勒蒙特花园"（Apremont Park），再也不是建在悬崖高山之巅居其险势。

　　坎德斯城堡，坐落在坎德斯——圣马丁，位于卢瓦尔河与维埃纳河（Viene）交汇处，紧邻卢瓦尔河畔的悬崖，诺曼底（Normandy）至布列塔尼半岛，有沿海岸线而规划构建的古城。普罗旺斯，更是浪漫的骑士抒情世界，具有抒情气息浪漫气质，吸引了许多至名的艺术家。古城阿尔（Arles），凡·高在此城渡过他一生最辉煌的日子，"阿尔"是凡·高名画的主题，许多名作均诞生于此地。

　　在城市规划与艺术的布局方面，阿尔的特色建筑还包括圆形剧场（公元 1 世纪建成）和托罗菲姆教堂。

法国古城阿尔

AESTHETIC THOUGHTS
OF
URBAN PLANNING

第 3 章

世界城市规划美学思想流派

第3章"世界城市规划美学思想流派"将梳理古代、中世纪、文艺复兴、近现代等时期的城市规划思想中有关美学的内容，从美学的角度审视历史上的规划大师、建筑大师、艺术大师们关于城市规划与艺术的思想，寻找能够回答城市规划与艺术之关系这一课题的有关线索。

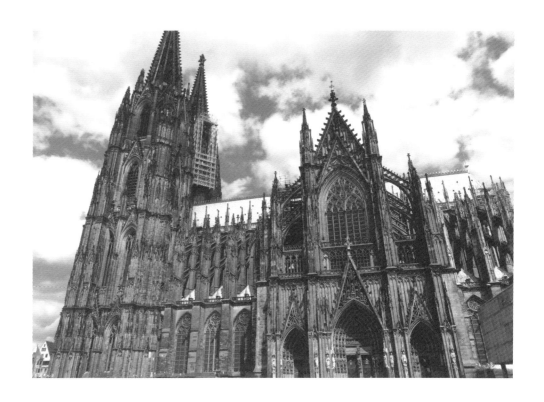

3.1 城市规划美学思想概览
AESTHETIC THOUGHTS OF CITY PLANNING: AN OVERVIEW

表 3-1 城市规划与艺术思想脉络梳理

分 期	古典时期	古罗马时期	中世纪	文艺复兴时期	启蒙时期 科学与艺术结合的 城市规划时代
历史 年代	公元前 11 世纪 希腊文化时期 古典文化时期 古风文化时期 荷马文化时期	伊特鲁里亚（Etruria） 时期 罗马共和国时期 罗马帝国时期	信仰的时代 （公元 5～14 世纪）	公元 14～15 世纪	16～18 世纪
城市规划 与 艺术的 代表城市 及 艺术特色	•雅典、斯巴达（Sparta） •米利都（Miletus） •科林斯 •纯粹审美与艺术的 追求 •以自然为基，崇尚 自然与人文	•辉煌的城市规划与艺 术的建构时代 •光荣归于希腊，伟大 归于罗马 •扩展城市空间容量 •运用轴线系统 •建立整体状规则空间 序列 •开放的现代城市规划 之源	城堡及特色城市规划的兴起 •法国的 Aignes Mottes 城（1246 年） •法国洛特河畔新城 （Villeneuve-Surlot）（1264 年） •中世纪城市自然优美、特色鲜明， 艺术感很强，在城市规划艺术中 占极重要地位	•巴洛克兴起，米开朗琪罗被称为 是"巴洛克之父"，巴洛克影响后 世城市规划艺术主导思想 •文艺复兴的大师构建了城市规划 与艺术的规模 •建筑、绘画、雕刻、人文思想与 城市规划融汇而成的文艺复兴时 期的城市规划艺术成果 •复兴古典主义艺术——古希腊、 古罗马、文艺复兴文化整体规模 •各种艺术综合汇集纳入规划艺术	•勒诺特设计的凡尔赛宫 •1655 年法兰西学院成 立了皇家绘画与雕刻 学院，1671 年成立了 建筑学院，把城市规 划艺术与建筑学纳入 教育美学规范、古典 美学艺术秩序 •以法国为代表
规划实践 代表人物	•希波丹姆斯（西方 城市规划之父，影 响西方城市规划思 想两千年）	•维特鲁威（Vitruvius） （公元前 84 年—公元 前 14 年） •伊特鲁里亚（Etruria）	阿奎那 (T.Aquinas, 1224 年—1274 年) • Bonanno Pisano • Deotisalvi • Francesch Eiximenis • Giovanni Pisano •乔托 • Guglielmo Agnelli	•阿尔伯蒂（B. Alberti,1404 — 1472） •帕拉第奥（A. Palladio） •米开朗琪罗 •拉斐尔 •达·芬奇 •彼 得 拉 克（Petrareh, 1304 — 1374） 瓦萨里 （ Giorgio Vasari, 1511 — 1574） •布拉曼特（Bramante）	•奥斯曼 •黎塞留 （C.Richelieu） •勒诺特 •彼洛（1613 — 1688） •伏尔泰 •卢梭
城市规划 思想、流派	•古典城市规划与艺 术的思想起源 •人本主义与自然哲 学 •城市精神与文化艺 术统一的思想 •自然、艺术与人文 •人文与自然主义布 局	•西方学术思想史上的 黄金时代 •古罗马城市规划思想 •提出宏伟的城市规划 与艺术的空间体系 •形成后世城市规划典 范	宇宙论，天际线优美而有秩序， 艺术感强的规划 •大学建制诞生 •城市规划纳入大学 •城市艺术黄金时代	•巴洛克艺术规划 •复兴古典主义 •人文主义与唯美主义艺术规划 •高雅与精英主义 •文艺复兴大师参与规划艺术 •精英化的规划艺术科学，至尊高 贵的城市规划 •古典美 •人文主义 •透视法的发现拓展了城市规划艺 术中新的空间关系、空间观念	•唯理秩序的美学思想、 城市规划艺术 •启蒙主义 •理性精神的启蒙、理 性时代 •艺术精神与科学精神 纳入城市规划 •浪漫主义美学思想、 古典艺术情怀构建的 城市规划
城市规划 与 艺术的 典范案例	•雅典卫城 •古希腊的建筑与雕 刻 •米利都城	•古罗马城 •纪念性建筑象征永恒 宏伟史诗性的集成	城堡的兴起 •威尼斯 •西耶那 •比萨、圣米歇尔山城 •爱丁堡 •佛罗伦萨、科隆 •巴黎、斯特拉斯堡	•佛罗伦萨 •罗马圣彼得教堂及广场 •罗马改建的规划 •布拉曼特的罗马望景楼广场 （Cortile del Belvedere） •威尼斯的圣马可广场 •瓦萨里的佛罗伦萨乌菲兹宫公共 广场（Palazzo degli Uffizi） •布鲁内莱斯基的佛罗伦萨大教堂	•巴黎的奥斯曼规划 •凡尔赛宫、罗浮宫 •巴黎的景观系统规划 艺术 •爱丽舍大道（Champs Elysee）辐射状的艺术 规划 •巴黎的轴线体系
规划 理论 文献	•苏格拉底的著作 •亚里士多德的著作 •柏拉图《理想国》	•维特鲁威《建筑十书》 •维特鲁威的理想城市	•奥古斯丁 (A.Augustinus, 354 年— 430 年)《上帝之城》 •邦维辛 (Bonvesin)《米兰城的奇 迹》 • Francesch Eiximenis《理想城市治 理原则十二书》 • Abbot Suger "Liber de rebus in administratione sua gestis" • Vincent of Beauvais《学理宝鉴》	•阿尔伯蒂《论建筑》（1485） •帕拉第奥《建筑四书》（1570）	•克里斯托弗·雷恩： 《建筑手册》（17 世纪 70 年代） •克劳德·尼古拉斯·勒 杜： 绍村理想城市

资本主义滋生时期	1900 年至"二战"之前的时期	城市规划的系统分析时代	后现代城市规划： 人本主义、多元城市规划的时代
19 世纪— • 城市急剧爆炸的时代 • 城市规划科学诞生 • 以确定的艺术方式形成城市规划	20 世纪初期 　1800 — 1910 现代城市规划 　1910 — 1945 城市体系理论 　1945 — 2000 城市空间发展规划	1945 年至 1960 年代的城市规划思想发展 ——城市规划的系统分析时代	1970 — 1980 年代的城市规划思想发展 ——多元城市空间的前沿与重构
• 工业革命（英国）、法国革命 • 近代城市规划思想 • 近代人本主义规划思想 • 科技革命、工业革命 • 科学与实证主义思维 • 欧洲近代自然科学体系的构建 • 城市规划科学的诞生 • 田园城市（Garden City）规划思想 • 景观建筑学诞生 　（Landscape Movement）	• 现代规划思想的产生 • 欧洲艺术的繁荣、现代主义的建筑与规划的产生 • 功能主义的城市规划 • 城市人文生态学 • 柯布西耶的机械理性主义城市规划 • 区域规划思想 • 城市体系理论 • 新（伪）古典主义城市规划	• 城市规划的系统分析时代 • 功能主义 • 景观建筑学 • 新城运动 • 理想主义与自然生态主义 • 城市生态环境科学思想的兴起 • 历史文化环境保护运动 • 现代城市规划的思想基础 • 实用主义哲学与科学实证主义 • 系统论、信息论与控制论 • 应使自然界的资源再生能力和环境再建能力保持一定的水平	• 人文生态学派 • 行为学派和人文主义 • 新古典主义学派 • 新韦伯斯学派 • 结构主义学派 • 生态主义学派 • 整体主义学派 • 多样性是城市的天性
• 爱德华·格迪斯 　（P. Geddes，1854 — 1932） • 霍华德 　（E. Howard，1850 — 1928） • 刘易斯·芒福德 • 伯恩海姆 • 奥姆斯特德（F.L.Olmsted）	• 柯布西耶 • 刘易斯·芒福德 • 贝瑞（B.Berry） • 佩里 • 沙里宁	• 贝塔朗 • 麦克劳林（J.B.Mcloughlin） • 阿伯克隆比 • 昂温（R.Unwin，1863 — 1940） • 帕克（Parker，1867 — 1947）	• 帕克（R. Park） • 卡斯特尔斯（M. Castelles） • 雅各布斯（J. Jacobs） • 魏达夫斯基（A. Wildavsky） • 文丘里（R. Venturi） • 林奇（K. Lynch）
• 城市规划科学 • 城市学的诞生 • 近代人本主义 • 空想乌托邦 • 近代人本主义规划 • 机械理性规划 • 田园派城市、美化运动 • 自然主义 • 田园城市理论	• 田园城市理论 • 城市艺术设计 • 城市发展空间理论 • 生态规划理论 • 功能主义规划 • 城市规划的标准理论 • 未来主义 • 精英主义 • 纯粹主义	• 现代城市规划体系 • 多功能的环境 • 系统规划思想 • 结构规划（Structure Plan） • 整体主义（Holism）与整体城市设计 　（Holistic Design） • 法露迪（A.Faludi）城市规划程序理论	• 未来学与未来城市的探索 • 当代人本主义规划思想 • 协同论 • 耗散结构论 • 突变论 • 后现代思潮 • 多元化理论规划
• 哥本哈根 • 巴黎 • 华盛顿 • 斯德哥尔摩 • 纽约 • 柏林 • 巴塞罗那 • 芝加哥 • 波士顿 • 法布罗	• 形象理性主义 • 象征主义（巴西利亚，Brasilia） • 城市体系理论 • 芝加哥 • 底特律 • 英国伦敦 • 墨索里尼的罗马规划 • 希特勒的帝国规划 • 汉堡	• 卫星城建设 • 区域规划 • 大伦敦规划 • 大哥本哈根的指状规划 • 巴黎的平行切线结构规划 • 巴黎——卢昂规划 • 华盛顿的放射长廊规划 • 莫斯科规划	• 城市空间的前沿与重构 • 规划具有的科学和艺术两重性 • 多元价值并存的规划观 • 文脉主义规划情感 • 文脉主义、场所理论与现代城市规划设计
• 格迪斯 　《城市学：社会学的具体运用》 • 霍华德 　《进化中的城市：城市规划运动和文明之研究》 • 西特《城市建设艺术》 • 田园城市理论	•《雅典宪章》 •《现代城市规划宣言》 •《明日城市》 •《马丘比丘宪章》 •《城市》 •《城市文化》	•《马丘比丘宪章》 •《城市与区域规划·系统探索》 •《规划理论与哲学》 •《卫星城的建设》 •《拥挤无益》 •《威尼斯宪章》 •《佛罗伦萨宪章》	• A. 托夫勒《第三次浪潮》 •《规划选择理论》 •《城市空间的前沿与重构》 • 林奇《城市意象》 •《绅士化：城市空间的前哨地区与重构》

柯布西耶

柯布西耶规划设计图之一

柯布西耶规划设计图之二

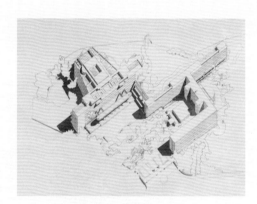

柯布西耶规划设计图之三

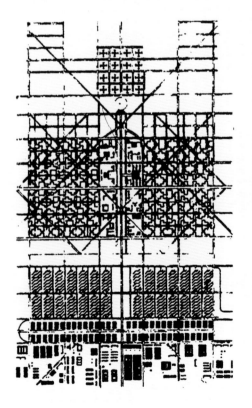

柯布西耶的"光辉城市"设想

柯布西耶规划设计图之四

盖迪斯

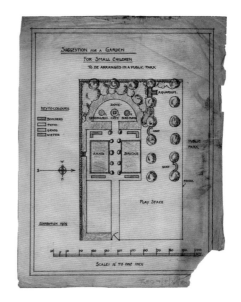

盖迪斯的儿童公园设想模式图

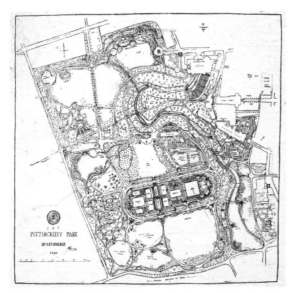

盖迪斯的苏格兰皮特克列夫（Pittencrieff）公园规划方案

盖迪斯的特拉维夫（Tel Aviv）规划方案

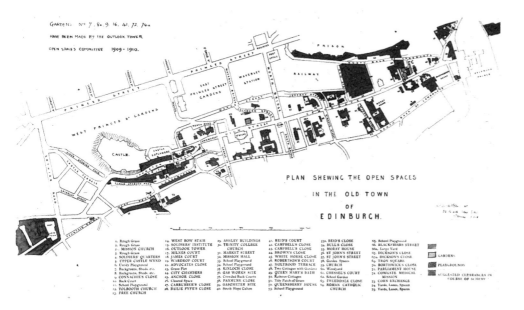

盖迪斯的爱丁堡老城绿地规划

"田园城市"倡导者霍华德

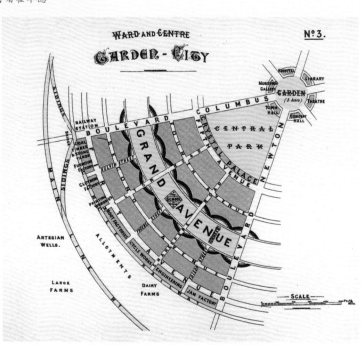

霍华德的"田园城市"（局部）模式图

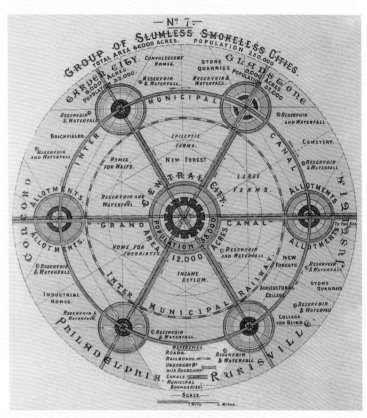

霍华德的"田园城市"模式图

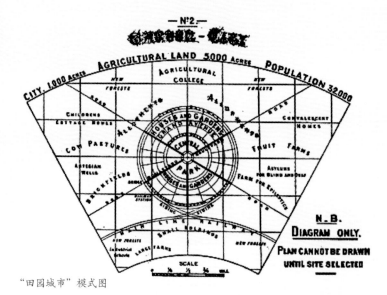

"田园城市"模式图

"城市设计之父"西特

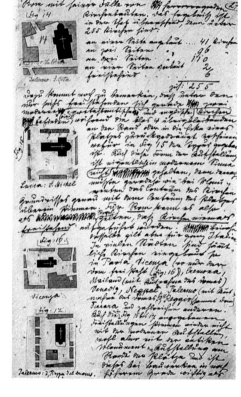

西特的手稿

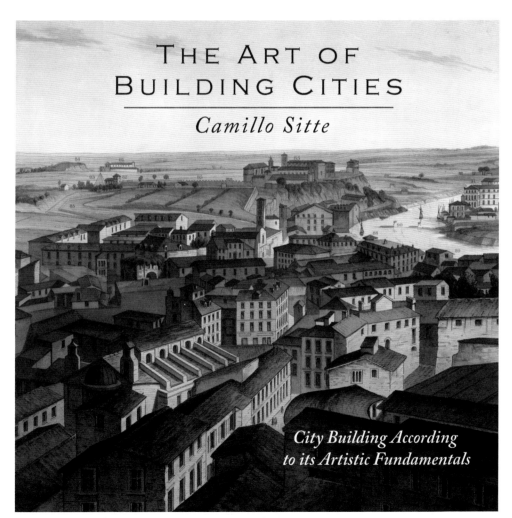

西特的《城市建设艺术》英文版封面

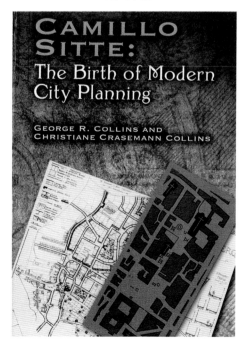

西特的《现代城市规划之诞生》英文版封面

弗兰克·劳埃德·赖特

刘易斯·芒福德

凯文·林奇

挪威建筑理论家
C·舒尔茨（Christian Norberg-Schulz）

"田园城市"倡导者 R·昂温

3.2　城市规划之父：希波丹姆斯

THE FATHER OF URBAN PLANNING: HIPPODAMUS

首个以规划师姓名命名的
布局体系

希波丹姆斯（Hippodamus），古希腊建筑家，出生于米利都。生于公元前 498 年，公元前 408 年去世。他的规划思想在当时是有创见的，至今仍然是现代城市规划体系的核心。他的名字也是希波丹姆斯式规划（格网式布局规划）的代名词。希波丹姆斯在世界城市发展史上被誉为"城市规划之父"。

希波丹姆斯主张规划布局的空间秩序感，对后世影响深远。

在此之前，古希腊城市规划建设中大都多顺应自然环境条件，路网不规则。希腊自然环境依山临海。这种自然生态环境，形成了古希腊山与海的特殊城市空间形态。雅典依山临海，城市布局依山形环海而呈不规则形态，无轴线关系。

希波丹姆斯的城市规划思想，是超越当时它所处的时代背景的。希波丹姆斯在从事大规模的城市规划建设中采用了一种几何形状的、以格盘式路网为城市骨架的结构形式。这种结构形式虽然在公元前 2000 多年的古埃及卡洪城（Kahun）、美索不达米亚的许多城市及古印度摩亨约·达罗城等古代城市中早已应用，但希波丹姆斯却是世界城市规划与建设发展史上最早把这种规划形式大规模的在古希腊城市规划建设中付诸实践的先驱者。因此，他成为世界早期城市规划史上里程碑式的人物。他的城市规划思想，在希腊古城米利

都（Miletus）规划建设中得到体现。自希波丹姆斯以后，他的规划形式便成为古希腊的一种规范式。

希波丹姆斯与早期规划的城市，是值得深入研究的课题。对于他的了解，文献依据还主要是亚里士多德的《政治学》。虽然希波丹姆斯并不是政治家，但他确实在如何建造城市方面，有理论化的政论，也正是从这些论述里，最早的城市规划理念诞生了。

功能分区和公共空间
有意识规划的第一人

希波丹姆斯式规划要求城市要进行方格网布局。在当时的年代，这是罕见的思想。因为从防御的角度考虑，方格网状的城市一旦遭遇入侵，入侵者很容易找到行进的道路。而充满曲线、布局参差错落、街巷曲径通幽的城市，陌生人难以找到方向。尽管如此，希波丹姆斯式规划仍然要求规划布局有条理、有秩序，并用宽阔的街道对齐布局，公共空间在城市中心，并聚集在一起。圣殿、剧场、政府建筑、市场、市民广场都相邻而集中的布局，四周环绕着方格网状的城市街道。公共空间的场地配置，按规划布局进行分配。在希波丹姆斯式规划提出之前，公共空间的场地分配是随意进行的。

按照希波丹姆斯式规划，公众生活和宗教活动的场所（教堂、神殿）在被定位之后，城市中剩余的地方就用来作为居住用途。人们称赞希波丹姆斯创造了这种公

希波丹姆斯

方格网规划中广场的遗址

众、神坛与私人土地的区分，这是当今城市规划方案实践中"功能分区"思想的最早的实例。

比雷埃夫斯航拍图

1908年的希腊比雷埃夫斯地图，城市秩序清晰可见

邻里与公共服务设施
有序规划的思想影响深远

比雷埃夫斯城在希波丹姆斯城市规划中占据重要地位。伯里克利大帝任命了希波丹姆斯来设计这座城市。该城在公元前460年被纳入希波丹姆斯规划。当时比雷埃夫斯城是雅典的一个港口城市，地形多山，又是海港，难于设计。尽管如此，希波丹姆斯仍然坚持用方格网式的、宽阔道路互相平行的规划方案，包括在一些自然条件不适合这种方案的地方。

比雷埃夫斯的市民广场被命名为"希波丹米亚广场"，是以规划师的名字命名的。据推测，比雷埃夫斯很可能拥有两座市民广场，这在当时的希腊城市中是很罕见的。

作为一个港口城市，比雷埃夫斯城是一个充满公共生活热情与活力的地方。由于是港口城市，不是典型的传统城市，比雷埃夫斯城更多的功能，不是以防御为主，也不是以私人居住为主，而是趋于开放，侧重于贸易往来或航海等流通功能和公共功能。

其他城市对
希波丹姆斯式规划的应用

希波丹姆斯的著作之一《古希腊比雷埃夫斯城城市规划研究》（Urban Planning Study for Piraeus，公元前451年成书）成为那个时代的规划风向标，在古典时代被许多的城市应用。希波丹姆斯根据这部研究著作，在这个港口城市里建设了许多约2400平方米规模的邻里街区，每个街区里建造着二层楼的房屋。住房之间用围墙分隔并对齐，主要正立面朝向南。

除了比雷埃夫斯城之外，希波丹姆斯式规划还在下列城市中有所体现。

奥林瑟斯（Olynthus）是古希腊城市的象征。奥林瑟斯被分割成三个主要部分，互相独立——南山区、北山区以及别墅区。北山区在公元前432年建造，采用希波丹姆斯式规划。由于北山区建造期间，希波丹姆斯仍然在世，因此有可能他在规划建造中承担了重要角色，那时他已经将近70岁。北山区的每个细节都遵循了希波丹姆斯式规划。北山区采用了笔直、宽

公元 4 世纪希腊普南城（Priene）城市平面

希腊海德拉（Hydra）古城

阔的方格网状街道。在北山区的南端尽头是一个市民广场，将近四个街区大小。市民广场被其他公共建筑和沿中央街区道路布局的商业建筑环绕着。

关于古希腊罗得（Rhodes）城，希波

古希腊塞利纳斯城（Selinus）的神庙遗迹（该城具有类似方格网的直交型布局）

古希腊罗得城（岛）遗迹

古希腊德尔菲城遗迹

丹姆斯在何种程度上参与了罗得的规划，仍是一个有争议的、未经证实的问题。罗得城是在公元前 408 年规划设计的，那时已经接近希波丹姆斯逝世的年份。虽然看起来不可思议，但希波丹姆斯可能仍然在临终前工作着。另外，也可能对希波丹姆斯的生卒年份的推断是错误的，也许罗得城规划时他还并没有那么老。可是，若据此推断假设，他参与比雷埃夫斯的规划时期，就是很年少的时候了。希腊哲学家斯特拉托斯（Strabos）说，罗得是"由比雷埃夫斯的建筑师"规划设计的，据此文献记载可以一定程度上证明希波丹姆斯与罗得城的规划建造有关。如果希波丹姆斯没参与罗得城的规划，那么显然，罗得城的方格网布局受到了希波丹姆斯式规划的直接影响。

在公元前 440 年，希波丹姆斯规划了 Thurium 的新城。该城中街道以直角相交。他的规划理念随后被许多重要的城市采用。他的方格网规划包含了一系列的宽阔笔直的街区道路，互相以直角相交。在米利都城，我们也可以看到希波丹姆斯规划的原型。不仅希波丹姆斯式规划对后世的城市规划史影响巨大，而且即使在他在世时，其空间布局结构方式中简洁的空间秩序理念，也已经被他的时代的人认可并采用了。

3.3　城市规划思想之源：维特鲁威与《建筑十书》
VITRUVIUS & "TEN BOOKS ON ARCHITECTURE"

维特鲁威的《建筑十书》

古罗马维特鲁威的《建筑十书》（Ten Books On Architecture）是世界城市规划史上极其重要的学术专著，是西方古典时代唯一幸存下来的建筑与城市规划的经典著作，也是西方世界有史以来最重要建筑学著作之一，是城市规划与艺术领域的权威文献名著，两千多年来对全世界各个历史时期的城市规划和建设产生了极大影响。

在古罗马维特鲁威的时代，城市规划首先是以建筑作为城市主体的。因此维特鲁威的名著名为《建筑十书》。

维特鲁威

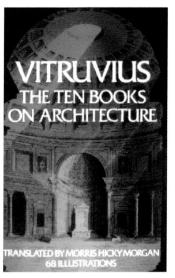

英文版《建筑十书》封面（1960）

《建筑十书》扉页插图（1567）

一、《建筑十书》的有关城市规划方面的论述

维特鲁威的城市规划思想是一个完整的体系。维特鲁威最早系统提出了"城市规划与艺术"的观念，并把这一观念作为城市规划与建设的主线贯穿在全书的十个部分及其中的各个章节。作为统贯全书的主导思想，维特鲁威提出了超出他所处时代的系统理论，奠定了世界城市发展史以人文精神和科学思想为基础的系统论。

维特鲁威写作《建筑十书》之初衷是献给恺撒大帝的，他在前言中称"是根据广泛的研究"撰写成的，前言所述的三个要点，分别阐明了写作动机、缘由、著述意图。作者赞颂了恺撒大帝"不仅关心社区生活和公共秩序的建立，也惦记着合适的公共建筑的营造"，"而且公共建筑也体现了帝国的荣耀，令人瞩目。于是我想，

我不能错过机会，应尽快为陛下出版这本论建筑事物的书。"作者的主要意图是在倡导兴建能够体现恺撒功勋的"帝国荣耀"的公共建筑。这实际是在借助王权推动城市规划，并且很可能已经得到了资助和赞许。作者感恩"承蒙陛下厚爱，恩宠有加，我不再为余生的生计犯愁，便开始为陛下撰写此书，我看到陛下已建造了大量建筑物，现在仍然在建造，将来还要建造，兴建了公共建筑和私家建筑……它们将代代相传。"

维特鲁威开篇明义地道出为城市规划提供的思路和学术见解，并且归结概括成一个类似的结论，类似于书的宣言："我制定了这些规程，完善了技术用语，若陛下过目，便可得知如何评价已建成的或将要建造的工程。因为在这些篇章中，我已为建筑学科制定了十分周全的基本原理。"

（北京大学出版社，（古罗马）维特鲁威著《建筑十书》中文版第 63 页）

全书又分成许多章节，是一个完整系统。

第一书——建筑的基本原理与城市布局

第二书——建筑材料

第三书——神庙

第四书——科林斯型、多立克型与托斯卡纳型神庙

第五书——公共建筑

第六书——私人建筑

第七书——建筑装修

第八书——水

第九书——日晷与时针

第十书——机械

《建筑十书》涉及城市规划的所有方面，广泛涉及历史、哲学、数学、文献学、

1548 年印于纽伦堡的关于维特鲁威著作的首个德文译本（Vitruvius Teutsch）

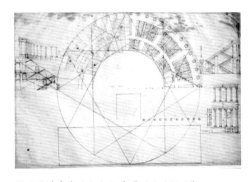

传承维特鲁威的阿尔伯蒂《罗马的描述》（Descriptio Urbis Romaes）

几何学、音乐学、美术学、天文学、测量学、地质学、人文地理学、力学、物理学、色彩学等诸多领域，仅涉及人文学科方面的内容就占了全书的一半篇幅。《建筑十书》影响了后来的阿尔伯蒂，阿尔伯蒂的写作也沿用了《建筑十书》的思路和格局，并且作为美术学院和城市规划的教科书历经文艺复兴时代而留存至今日。

维特鲁威的第一书，《建筑的基本原理与城市布局》开篇明义就切入城市规划的主题。第一书又分为：

第 1 章　建筑师的教育

第 2 章　建筑术语

第 3 章　建筑的分类

第 4 章　选择健康的营建地点

第 5 章　筑城

第 6 章　朝向

第 7 章　公共空间的定位

第一书的七个篇章综述了维特鲁威的城市规划整体思维和定位。特别是城市"公共空间"的定位。这一城市时空定位的观念影响深远。

第三书《神庙》开篇阐述主题，《对艺术技能的判断》论述了美学观念原理、均衡的原理、艺术的比例以及"完美数"——数学之美。这是把艺术、美学与数学综合起来，最早提出的"城市规划与艺术"思想及美学原理的尝试。

建筑是城市规划的主体，也是时代的坐标。维特鲁威最早提出了关于建筑与城市规划的关系，他将建筑区分为"私人建筑"与"公共建筑"，而后又在第三章里进一步阐述了"建筑的分类"，最后归纳概括了"公共空间的定位"。

二、《建筑十书》有关美术方面的论述

《建筑十书》不仅是城市规划与建筑学理论的源头，同时也是美术理论之源。维特鲁威在第七书第 4 章、第 5 章里谈到了"正确的绘画方法"，还花大量篇幅谈到了壁画的画法。

在第 7 章至第 14 章，维特鲁威谈到色彩颜料的配置方法及色彩应用技术，并列举了孔雀石绿、紫色、亚美尼亚蓝等昂贵画材的应用技术。

第 5 章　正确的绘画方法：综述

第 6 章　大理石粉

第 7 章　颜料

第 8 章　朱砂

第 9 章　朱砂的加工

第 10 章　混合颜料

第 11 章　蓝颜料

第 12 章　铅白和铜绿

第 13 章　紫颜料

第 14 章　替代性颜料

以上所列的是维特鲁威对色彩特性的论述。他详尽叙述了颜料配置及制作方式，比如"蓝颜料"——蓝颜料的配方最早是在亚历山大里亚发明的，他叙述了蓝色颜料的制作方式。

再如"烧赭石"（burut ochre）——对

维特鲁威的说明性插图

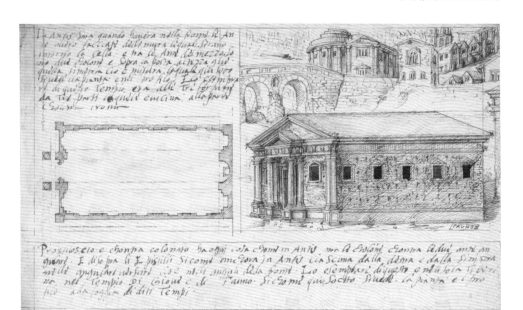

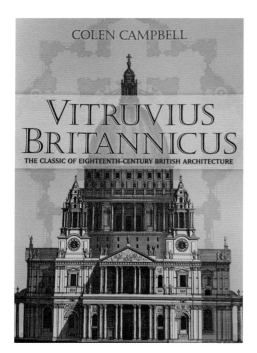

科伦·坎贝尔的著作《大不列颠的维特鲁威》
（Vitruvius Britannicus）

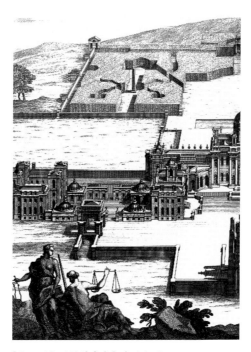

《大不列颠的维特鲁威》中的插图

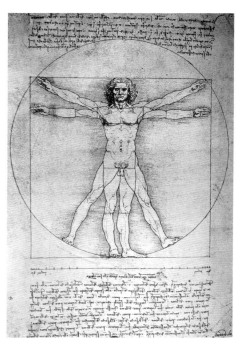

达·芬奇"比例"（Uomo Vitruviano）手稿

1536 年版本的维特鲁威《建筑十书》封面

1511 年乔康多编辑的《建筑十书》

画壁画相当有用，它是以如下方式获取的：将优质的赭石块投至窑中烧至白热化，然后用醋淬火，于是它的颜色就变成了紫色。

维特鲁威对于"铜绿"与"红砷"的特殊制造方法也详加论述，这些古代颜料制造的秘方的论述，在今天已成为极其珍贵的文献了。

关于色彩系列与颜料的研制配方，值得从艺术专业方面深入系统研究，谈到"紫色"，维特鲁威说"我将开始淡紫色颜料，它在所有色彩中最珍贵，最有名，也最好看。紫色是从一种海洋软体生物提取出来的，这种生物可以制造紫色染料。"（《建筑十书》P.142）

在系统论述色彩配置与古代颜料制作配方后，维特鲁威进一步把颜料色彩与自然现象联系起来。"人们想起紫色都会感到，它的神奇特点并不逊色于任何其他自然现象，因为任何地方的紫色都各不相同，它是太阳运行轨迹的作用下天然调和而成的。"（《建筑十书》P.142）

三、维特鲁威关于建筑师资格、资质的论述

在第一书《建筑的基本原理与城市布局》的第 1 章中，维特鲁威共提出 18 条资质、资格和条件。他开篇明义的指出："建筑师的专门技术要靠许多学科以及各种专门知识来提升。""运用这些技术能做成的所有作品，都要由他成熟的判断力进行评估。"

维特鲁威认为任何城市规划的建构、任何建筑艺术、规划艺术乃至"所有作品"都要靠由许多学科和各种专门知识提升的专门技术。而这一专门技术不应局限于偏狭的领域，要以知识储备和宽阔的学术精神视野进行实践并以"成熟的判断力进行评估"，再次强调了学识的资质重要性。这实际上强调了个人的知识和素养，应贯穿在规划与设计的全部环节中。

维特鲁威强调："建筑师应该懂音乐，以便掌握各种规范和数学的关系。"（《建筑

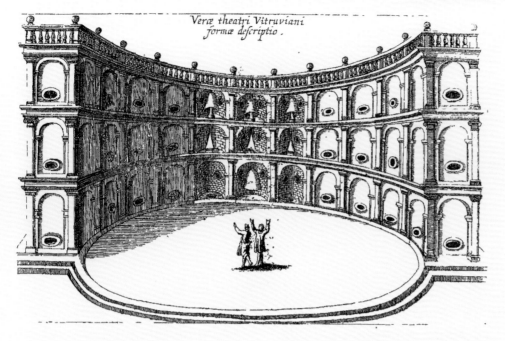

维特鲁威式的剧场

约 1490 年的哥特式乐谱

格里高利圣歌（1504 — 1604 年）

描绘阅读维特鲁威著作情节的世界名画

佛罗伦萨劳伦图书馆中珍藏的《建筑十书》抄本

1673 年《建筑十书》的法文版本

十书》P.65）应通晓天文学"及星辰的运行轨迹"，"行星的和声"，四度音程和五度音程，方形间隔和三角形间隔，还应通晓光学知识和"视觉规律"（logos optikos）。

维特鲁威强调城市规划与建筑师"应能识字"，"这样就可以阅读一些领域的文字材料以加强记忆。"其次"应具备绘图的知识，可以得心应手地用例图来表现想要建造的作品的外观。"除此之外还要熟知几何学，"利用光学知识"，要懂数学，运用数学知识和几何学的原理和方法"发展测量的基本原理"。（P.64）

维特鲁威还特别强调城市规划师和建筑师的人文学科与学识的背景。"建筑师应了解大量的历史知识"，还应该具备哲学思想，因为"哲学，可以成就建筑师高尚的精神品格"，"使他宽容、公正，值得信赖，最重要的是摆脱贪欲之心，因为做不到诚实无私，便谈不上真心做工作"。再者，"哲学还可以用来解释'物性'（science），在希腊语中被称作自然哲学，有必要透彻了解这门学问。"（《建筑十书》P.65）

维特鲁威强调的"哲学"并不是空谈哲理玄念的，而是直接触及规划实施与建构的操作程序。"要透彻了解这门学问(哲学),因为它有许多实际的用处,例如渡渠问题。自然的水压不同,这取决于所处理的水流是从山上迅速蜿蜒下泄的,还是沿缓坡向上提升的。只有通过哲学这门学问掌握了自然物性的人,才能平衡这些水压的冲击力。"(P.65)

维特鲁威在第三书《神庙》中有"对艺术技能的判断",在论及艺术家地位及其艺术赞助人时,作者列举了米隆(Myron)、波利克莱托斯(Polycleitus)、菲迪亚斯(Phidias)、利西普斯(Lysippus)"以及其他因自己的艺术而博得名声的人",并且批评了那些"至于通过社会关系的影响,违背诚实评价原则而获得项目批准","令人无法容忍"的现象。

维特鲁威肯定了城市规划与艺术资质的对应关系,"像苏格拉底所说的,我们的感知能力和见解,我们对各种学科的知识是清晰明了、理解透彻的话,外界的影响和偏爱便不会起作用。所有委托工程便会自动分派给那些通过诚实可信的工作在某个领域中掌握最丰富知识的艺术家。"(《建筑十书》,维特鲁威著,北京大学出版社,P.89)

维特鲁威强调以精良的知识系统作为基础,包括从理科、文科、音乐、艺术、天文、历史、哲学、数学、医学、绘图、测量、文学、力学、自然科学、科学与艺术的综合高度去构建城市规划与建筑的基本资质。这一点,对于今天也是具有意义的,学识单薄、思路狭窄就会跑偏,受到局限。只有宽博广阔的精神视野才能有具备专业能力的资格。

以学识、知识和学问作为城市规划与建筑师的资质条件,在维特鲁威的年代是必要的,时至今日,更是必要的和迫切的。这是对城市规划主体的基本要求,符合时

代与文明社会的进程。

《建筑十书》的历史版本

一、古代城市规划溯源考据中体现的《建筑十书》

《建筑十书》的写作年代处于"罗马和平"时代的开端。维特鲁威曾追随凯撒大帝征战,作为建筑与军事工程师,他所推荐的技术规范与工程做法,建筑与工艺传统,以及对环境、空间、功能、水源、地域自然条件及规划资源的调控与研究,都推进了奥古斯汀雄心勃勃要把罗马城建设成为一座永恒之城的理想的实施。

从城市规划的渊源考据,普林尼(Pliny the Elder,约公元 23—79 年)在他的《自然史》(History of Nature)中,将《建筑十书》列入其中。维特鲁威的这部经典名著在古罗马时代成为城市建设与市政工程的规范手册,影响深远。后来弗朗提努斯(Sextius Julius Frontinus)的《论罗马城的供水问题》(De Aquaeductu,成书于公元 1 世纪末前后)、法文蒂努斯(M. Cetius Faventinus)的《论各种建筑的建造方法》(De Diversis Fabricis Achitectectonicae,成书于公元 3 世纪)、马提亚利斯(Q. Gargilius Martialis)成书于公元 3 世纪的《论园艺》;帕拉迪乌斯(Rutilius Palladius)的《农书》(De re Rustica,公元 4 世纪)等书,都引用了《建筑十书》中的相关内容,作为专业技术的规范数据而被引用。拉丁教父、塞维利亚大主教伊西尔多(Isidore),在他的巨著二十卷本的《语源学》(Etymologiae,约公元 623 年)中将维特鲁威的《建筑十书》列为古代重要著作之列。公元九世纪中叶,赫班拉(Hrabanus Maurus,780—856)在他的百科全书《论宇宙》(De Universo)中也把维特鲁威天文学方面的著述列入其书。

二、中世纪的抄本

维特鲁威的《建筑十书》中世纪保存的抄本有 80 多部,保存于法国的克吕尼大修道院、克吕尼博物馆,英国的坎特伯雷

1521 年版本《建筑十书》的插图

《建筑十书》西班牙文版

和牛津，以及瑞士的圣加尔修道院等地。这些手抄本已成为珍贵的文献。从手稿本页边批注来考据，中世纪关注的内容主要是建筑师的教育、建筑材料以及诸如水力学、日晷和机械等方面的纯技术问题。现存最早的维特鲁威的抄本属于加洛林时代，制作于公元 800 年左右。这就是藏于伦敦大英图书馆的 Harleina Ms. 2767（简称 H 本）。这个抄本派生出一个最大的抄本群。

公元 12 世纪，欧洲哥特式建筑开始迅速发展，维特鲁威的著作再度引起重视。圣维克托迪休（Hugh of St Victor）1220年代在巴黎编纂百科全书式的《研读之术》（Didascalicon de Stuelii Legendi）时，将维特鲁威的著作列为建筑类的权威书。

13 世纪有一个法国的建筑师叫维拉尔（Villard de Honnecourt）曾编写了一本建筑与工艺手册（约公元 1220 — 1240 年），或许是受到维特鲁威著作的启发而编写。这是中世纪仅存的重要文献之一。维拉尔与维特鲁威一样，兴趣广泛，其书中对于钟表计时器、自动控制、供水装置、传送装置、动力机械和军事设施都有涉及。

三、文艺复兴时期的抄本

文艺复兴时期，维特鲁威著作再次产生影响。

拉斐尔抄写（请人抄写翻印）了维特鲁威的《建筑十书》。彼得拉克（Petrarch，1304 — 1374 年）从法国带回一个抄本，出示给薄伽丘和其他学者。1416 年，人文主义者布拉奇奥利尼（Poggio Braccioloni）在瑞士的圣加尔修道院又"重新发现"了这部著作。从 15 世纪开始，《建筑十书》开始对建筑实践产生影响，但由于当时的建筑师一般都读不懂拉丁文，不可能理解维特鲁威的书。阿尔伯蒂（Leon Battista Alberti，1404 — 1472 年）第一次以书面著述的形式阐释了维特鲁威的见解和思想。这就是阿尔伯蒂撰写的巨著《论建筑》（Dere Aedificatoria，1485 年）。阿尔伯蒂依照维特鲁威的体例，也将自己的著作分为十书，但内容和编排顺序不尽相同。

到 15 世纪下半叶，《建筑十书》的传播得到了扩充，欧洲大多数重要的宫廷图书馆、人文主义学者和那些有学识的建筑师都拥有了此书的抄本。佛罗伦萨艺术家吉贝尔蒂（Lorenzo Ghiberti，约公元 1381 — 1455 年）将他自己翻译的一些段落收入他的著作《笔记》（Commerntarii）之中。弗朗西斯科（Francesco di Giorgio Marini，1439 — 1501 年）是第一批翻译《建筑十书》的建筑师之一。并且，他还花了很长时间将维特鲁威的《建筑十书》与罗马建筑进行对比、比较研究，对于圆柱类型做了详尽说明。建筑师费拉锐特（Filarete，1400 — 1469 年）在他于 1464 年完成的建筑论文中也引述了维特鲁威有关建筑与人体的比例的美学原理。

1485 年阿尔伯蒂的《论建筑》在佛罗伦萨出版。一年之后，维特鲁威的第一个印本也面世了（1486 — 1492 年间印于罗马）。编者是语言学家韦罗利（Johannes Sulpicius of Verali Suplizio da Veroli）。这部书行后，很快就有了另外两个印本，一个是在 1496 年刊印于佛罗伦萨，另一个在 1497 年刊印于威尼斯。

到了 16 世纪，维特鲁威的著作已经

致力于《建筑十书》翻译的阿戈斯蒂诺·加洛（1499 — 1570）

《建筑十书》的意大利文版本

羊皮纸上的维特鲁威的手稿

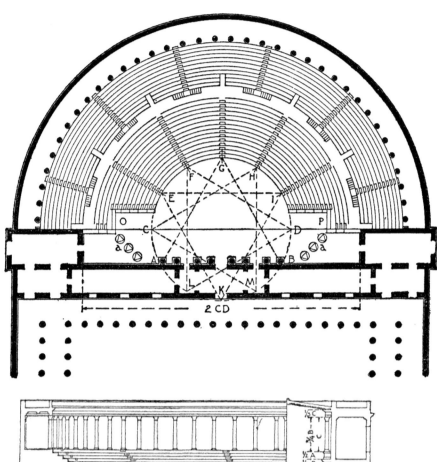

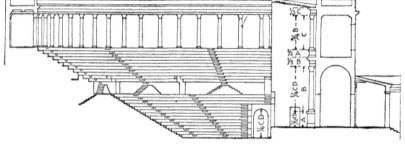

维特鲁威关于剧场的模式设计图，体现在古罗马斗兽场等实例中

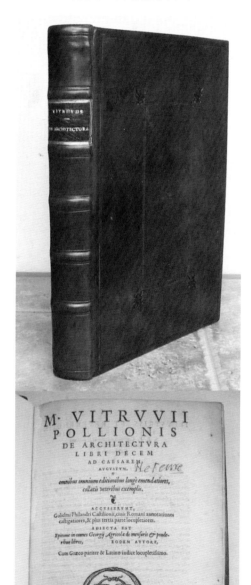

依据维特鲁威《建筑十书》德文译本（*Vitruvius Teutsch*）而制作的木刻

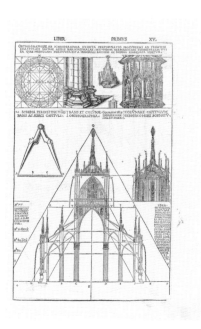

1512 年切萨里亚诺翻译的《建筑十书》中的插图

1552 年版的《建筑十书》

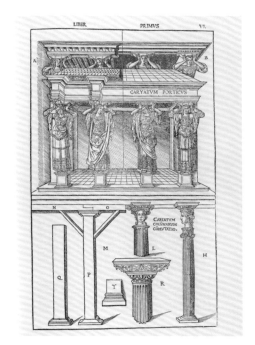

1521 年版维特鲁威《建筑十书》
关于柱式体系的插图

《维尼奥拉》(*Vignola, or the Compleat Architect*, 1655
年, 伦敦) 中关于托斯卡纳柱式的插图

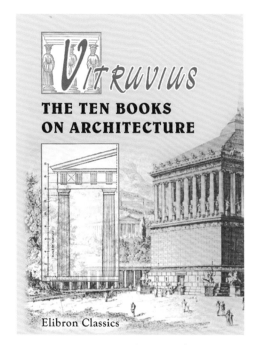

《建筑十书》英文版封面

得到了广泛传播, 为世人所传阅理解。推动者要归功于博学多才的乔康多修士 (Fra Giovanni Giocondo, 1433 — 1515 年)。他是一位学识渊博的语言学者和建筑师, 通晓拉丁文和希腊文。乔康多花费了 20 多年进行精心准备, 于 1511 年在威尼斯出版了当时最为完善的拉丁文本, 题献给文艺复兴时期最伟大的艺术赞助人教皇尤利乌斯二世。

乔康多是罗马圣彼得大教堂的建筑师, 曾先后为那不勒斯国王、法国国王以及威尼斯公国服务。他的研究标志着维特鲁威研究的历史转折点。乔康多编辑此书的目的是推进城市规划与艺术的进程, 使此书成为城市规划与建筑师手中的工具。

乔康多使用视觉艺术手法, 特别是素描, 来还原维特鲁威的思想意图, 亲手绘制 136 幅精美的插图, 书后还附有术语表和数学符号表, 使全书的内容更加视觉化。他还采用更加独特的研究方法, 将正文与现存的建筑进行分析和比较, 并用绘画艺术手法帮助理解正文内容。乔康多在筹备出版的这部书的过程中, 还曾在巴黎举办过探讨《建筑十书》的公开学术讲座。他精心绘制的插图, 为后来出版的无数插图本提供了范例。

在乔康多于 1511 年出版了威尼斯版本之后, 建筑师切萨里亚诺 (Cesare Cesariano, 约公元 1476 — 1543 年) 又翻译出了第一部意大利文版本 (1512 年)。这本书也是带插图的全注本。但所收录的图像多数并非来源于古典建筑, 而是表现了意大利北方地区 15 世纪的建筑样式。

四、《建筑十书》各手抄本的所在地

维特鲁威的著作能够从手抄本流传至资讯媒介发达的现代社会, 经历了多少人的智慧和辛劳。现在珍藏于欧洲博物馆的手抄本和多个时代早期的珍藏本, 见证了世界城市规划与艺术的进程。

维特鲁威的手抄本现在珍藏在：
　(1) H 本—英国伦敦大英博物馆 Harl·2767·8 世纪
　(2) S 本—塞莱斯塔 (法国, Selestad) 10 世纪 Bibl·132
　(3) E 本—沃尔芬比特尔 (德国, Wolfenbüttel) 10 世纪 Bibl·132
　(4) G 本—沃尔芬比特尔 (德国) 11 世纪 Bibl·69

刊本珍藏：　(1) Sulp 本·首刊本：Sulpitiues 编 罗马 (1486 年)
　　　　　　(2) Ioc 本：Fra Giocondo 编 佛罗伦萨 Junta (1522 年)
　　　　　　(3) Phil 本：Philander 编 罗马 (1544 年)
　　　　　　(4) Laet 本：Laet 编 阿姆斯特丹 (1649 年)
　　　　　　(5) Perr 本：Perrault 编 巴黎 (1763 年)
　　　　　　(6) Schn 本：Schneider 编 莱比锡 (1807 — 1808 年)
　　　　　　(7) Lor 本：洛伦岑 Lorentzen 编 哥达 (第 1 — 5 书) (1857 年)
　　　　　　(8) Rose 本：Rose 编 莱比锡 (1867 年以及 1899 年)
　　　　　　(9) Kr 本：Krohn 编 莱比锡·德国 (1912 年)

译本：
　意大利文：切萨里亚诺 (Cesariano) 译 科莫 1512 年
　　　　　　巴尔巴罗 (Barbaro) 译 威尼斯 1567 年
　　　　　　埃诺迪版, 罗马诺 (Elisa Romano)
　　　　　　科尔索 (Antonio Corso) 译 都灵 1997 年
　法　文：马丁 (Martin) 译 巴黎 1547 年
　　　　　　佩罗 (Perrault) 译 巴黎 1673 年
　　　　　　舒瓦西 (Choisy) 译 巴黎 1909 年
　德　文：里威乌斯 (Rivius) 译 纽伦堡·德国 1548 年
　英　文：格威尔特 (Gwilt) 译 伦敦 1826 年
　　　　　　摩尔根 (Morgan) 译 哈佛大学 1914 年
　　　　　　格兰杰 (F.Granger) 译 洛布古典丛书 马萨诸塞州剑桥与伦敦 1931 — 1934 年
　　　　　　罗兰 (I.D.Rowland) 译 剑桥大学出版社 剑桥 1999 年
　　　　　　斯科菲尔德 (Richard Schofield) 译 伦敦 2009 年 (企鹅经典丛书)

《建筑十书》中的美学观

一、柱式系统与比例观

欧洲的古典建筑，是欧洲城市规划与艺术的核心、主体支撑。世界名城之美，首先映入视线的是建筑之美，而其中更为精美的支撑是"柱式体系结构（orders）"之美。

"柱式体系结构"是维特鲁威最早归纳古希腊建筑艺术而提出的，维特鲁威是"柱式系统"理论的首创者。"柱式体系结构"被广泛流传作为建筑的主体支撑。这种"力与美"的支撑，让人联想到教堂内巨大的管风琴。古希腊在柱式体系上所倾注的艺术感更加强烈，有的立柱就是女神合成的，并配置以圆雕和浮雕来美化建筑主体。柱式体系的美学建构与力学统一起来成为建筑的灵魂，形成了力与美的完美统一。柱式从力学与美学角度都是规划与建筑艺术的支撑体。

根据维特鲁威的理论，神庙的构成基于均衡，建筑师与规划师"应精心掌握均衡的基本原理"。"均衡来自于比例"，希腊语称作"analogia"。

维特鲁威定位了"比例"在美学与规划上的决定性作用："比例就是建筑中每一构件之间以及整体之间相互关系的校验"，"比例体系由此获得"，"没有均衡比例便谈不上神庙的构造体系，除非神庙具有与形体完美的人像相一致的体系"。维特鲁威《建筑十书》第三书"神庙"在"对艺术技能的判断"的第 1 章"均衡的基本原理"中阐述了以上观点，其见解是以美学为基准点的。

接下来维特鲁威详细论述了大自然的人体构造的比例关系。在此基础之上，维特鲁威引申此义为：神庙的"每个构件也要与整个建筑的尺度相称"，并再次以人体重心为例进行阐述，并做出结论："这些比例为古代著名画家和雕塑家所采用，赢得了盛誉和无尽的赞赏。"维特鲁威以此为美学依据。

维特鲁威的柱式理论体系包括：

命运三女神（Three Fortunae）

门柱内的神庙（希腊语为 Naos enn Parastasin）

前廊端柱型（in antis）

前廊列柱型（prostyle）

前后廊列柱型（amphiprostyle）

围廊列柱型（peripteral）

伪双重廊列柱型（pserdodipteral）

双重围廊列柱型（dipteral）

露天型（hypaethral）

密柱距型（pycnostyle）

窄柱距型（systyle）

宽柱距型（diastyle）

疏柱距型（araeostyle）

正柱距型（eustyle）

爱奥尼亚圆柱 单圈柱型（monopteroe）

科林斯型围廊圈柱型（peripteroe）

多立克型伪围廊列柱型（pseudoperipteros）

托斯卡纳型。

柱式体系和基本原理来源于维特鲁威，包括了形式结构、各种构件的比例、固定类型的定义以及圆柱的历史含义等。从 16 世纪开始，罗马建筑师已经能熟练地将各种圆柱用于建造工程中。

塞利奥是第一个使用"柱式"这一术语的，也是为五种圆柱制定统一规则的人。他是一位建筑师，但建筑作品不多。使塞利奥声名远扬的是他用意大利语撰写的《五种建筑柱式的总体法则》（Regole Generdli di Architectura Sopra le Cinque Maniere Clegli Edifici），该书首次出版于威尼斯，之后成为 16 世纪最重要的建筑的出版物之

英国建筑师约翰·舒特（John Shute，?-1563 年）在其著作《建筑的基石》（The First and Chief Grounds of Architecture）中，将维特鲁威的人体比例附了图像，多立克柱式为男性，爱奥尼克柱式为女性）

1521 年版维特鲁威《建筑十书》关于科林斯柱式的插图

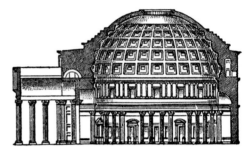

受到维特鲁威原则的影响而建造的罗马万神庙

1570 年帕拉第奥在《建筑四书》(*I Quattro Libri dell'Architettura*) 中依据维特鲁威的原则设计了埃及厅 (Egyptian Hall)

1545 年的文献中对维特鲁威的规划的研究 (关于古希腊和古罗马的剧场)

1758 年, 拿波里版本《建筑十书》关于科林斯柱式体系的插图

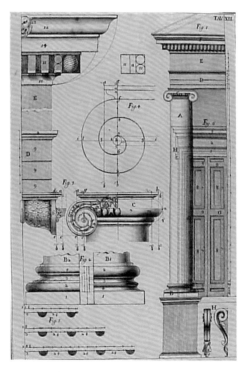

1758 年, 拿波里版本《建筑十书》关于柱式体系的插图

《建筑十书》西班牙文版本封面

一。他还制订了"混合柱式"的特征与规则。塞利奥开启了将《建筑十书》中的柱式内容抽取出来加以推广的实用主义先河，将维特鲁威所提出的柱系理论独立出来推广于城市规划与建筑。

二十年后，标准的五种柱式体系在维尼奥拉的《建筑的五种柱式规范》（Regola delli Cinque Ordini d'Architettura，罗马，1562年）中最终定型。维尼奥拉曾参加过维特鲁威学园的活动，对罗马的所有古代建筑都进行了测绘。这本书首版只有一本留存于世，藏于佛罗伦萨国立图书馆，共 32 页，以铜版画印制而成。该书由 29 幅精美的铜版画组成，图解说明了五种柱式：

（1）托斯卡纳式

（2）多立克式

（3）爱奥尼式

（4）科林斯式

（5）混合式

（每幅图版都附有简洁明了的图注）

维尼奥拉系统说明了柱式的模数测量法，使圆柱的比例更为修长。

二、宇宙论与均衡观

城市规划作为一种时空的构建，是应综合考虑自然条件、生态环境、水源山势、气候地理、人文资源等系统思维的，整体上构建美的典范。

维特鲁威对世界城市规划史的特殊贡献，就在于他把城市规划置于天文与人文、天象与气象、天体与人体、科学与艺术、时间与空间的交汇点上，以宇宙论观念统领城市规划与艺术构建。

维特鲁威的《建筑十书》的学术内涵非常丰富，在每个篇章中都涉及科学与艺术的思维，渗透在全书字里行间，方方面面。全书的艺术容量标志着古罗马时代的高度，也达到了世界高度。

描绘维特鲁威向奥古斯都呈现《建筑十书》场景的画作

在崇尚科学与艺术之美的年代，建筑与规划是人类心灵的美之尺度，也是艺术与美的坐标，任何城市规划都是以艺术来定位的，城市规划又是人类空间的定位，体现出人类构建万物的智慧之美。这也是维特鲁威崇尚古希腊艺术与建筑之美学规范的基本思想根源。

维特鲁威认为城市规划与建筑应根据天象与气象、天体与人体、行星太阳运行轨迹、纬度与空间，来定位建筑与城市规划，这种思维方式是将天文与人文统一起来构建规划原则的。

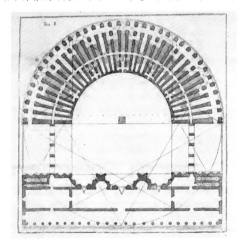

维特鲁威式的剧场平面图（帕拉第奥，1580 年代）

维特鲁威在《建筑十书》中提出了独特的宇宙论。他根据自己的研究，提出了"比例与光学的重要性"。在论述了气候、空气与思维的关系之后，维特鲁威提出了宇宙论的思想："大自然已将这些现象安排于宇宙之中，使各民族的体质各不相同。在整个地球范围内，这宇宙中心的所有地区，罗马人都拥有自己的版图。"他还论证了"正如木星运行于炽热的火星和冰冷的土星之间而冷暖适中，意大利也同样处于南方和北方之间，分享了它们各自的秉

1521 年的文献中对维特鲁威进行研究的插图

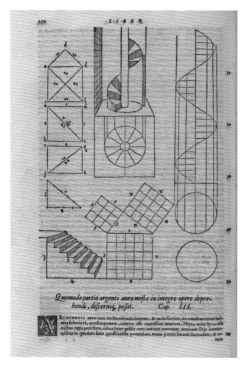

《建筑十书》第九书的导言部分

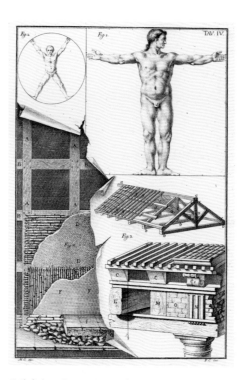

维特鲁威认为人体是古典建筑柱式比例的核心之源

《建筑十书》（1547 年巴黎版本）第一书关于波斯柱式的插图

性，具有平衡中庸，所向无敌的特点。神圣的智慧使得罗马人的国家成为一个杰出的、平衡的地区，这样她便能够控制整个世界。"（P.123）

显然，他从宇宙天然条件与自然生态的恒定与变化的视角上，探讨了罗马人的优势，而后提出更深层次的见解。摘录如下："如果天体运行的交角（inclination of the heavens）形成了不同的地区，创造了不同的思维方式，不同体格和体质的各种民族，那么我们就应毫不犹豫地根据各自的特点，为各民族制定建筑的基本原理——因为我们掌握了大自然巧妙而合时的范例。"（P.123）

维特鲁威在"纬度与民族"篇章中提出并论述了关于城市规划与建筑的宇宙论："苍穹是沿地球的星座圈确立的，太阳运行轨迹自然地倾斜，而且具有不同的特性。"

"因为在这个世界上，有的地方远离阳光，还有的地方离太阳不远不近。"因此"如果你首先考虑到建筑要建在世界的什么地区和纬度，就能够正确地确立这些均衡关系。在埃及、西班牙、本都（Pontus）和罗马等地，都必须根据各地的鲜明特点建造各种不同类型的建筑物。"

"由于宇宙是倾斜的，调节了太阳的温度从而产生了和谐，宇宙的整个图示便尽可能如交响乐般构建了起来。"

《建筑十书》第九书《日晷与时钟》系统阐述了宇宙论，其主要见解与学术观念体现在《日晷与时钟》的第 1 章，宇宙；第 2 章，月亮；第 3 章，太阳；第 4 章，位于升起之太阳右侧的星座；第 5 章，位于升起之太阳左侧的星座；第 6 章，天文学的历史；第 7 章，绘制日行迹；第 8 章，日晷与水钟。他共用八个重点篇幅表述对城市规划和宇宙论的学术见解。他认为"心灵仰望着高远的天空，持续建造着人类记忆的阶梯"，是人类城市规划之美的理想境界。

"宇宙的包罗大自然万物的体系，天穹亦是如此，由星宿以及行星运行轨迹组成。它以地球的两极为轴心，不停地环绕大地与海洋旋转着。""大自然的力量就像建筑师一样行事，她设置了中枢作为中轴，一端位于天穹之顶，远离陆地与海洋，处于北方诸星之外，另一端就在其对面，处于南方地区的陆地之下。就在这些中枢的周围，她安装了一些小轮，它们环绕着轴极旋转着，如同在车床上一般。希腊人称轴极为'poloi'。天穹以此为中心永远旋转着。因此，大地与海洋的中部就自然被置于中心地区。"

基于对天文与人文、科学与艺术及对宇宙论的思考，维特鲁威从精神与心灵层面拓展了城市规划与艺术构建的视野，他的系统规划论、建筑论，都贯穿着一条主线：城市规划的艺术容量是无限的……"持续建造着人类记忆的阶梯。"

三、在综合艺术中体现美的原则和规范

维特鲁威在古希腊的艺术与规划的基础之上，以亲身的实践撰写了《建筑十书》，开启了城市规划与艺术的智慧之源。维特鲁威的城市规划与艺术的体系，是科学与艺术结合的典范，是两千多年来城市规划与艺术的"坐标系"。

这一体系构建在以下几个基本点之上：（1）科学与艺术的交汇点上；（2）各种学科融会贯通的学术基本点上；（3）古

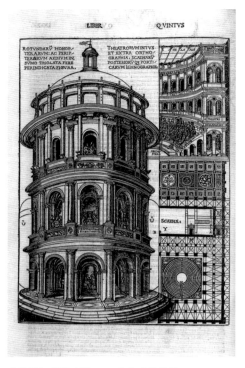

建筑师切萨里亚诺 1521 年重建的剧场

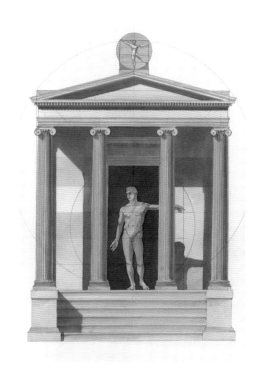

依据人体比例而设计的"维特鲁威屋"门廊

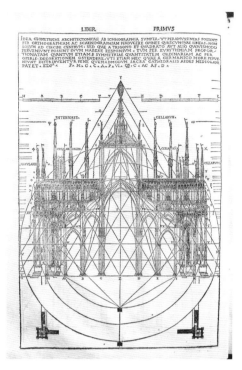

建筑师切萨里亚诺将维特鲁威的比例理论用于米兰大教堂的分析

典文化、艺术与哲学、天文与人文的临界点上；(4) 置于多种学科综合而成的支撑点上；(5) 置于美学规范与科学体系的坐标上。

在哲学、历史、美学、数学、物理学、天文学、水文地质学、语言学、音乐学、美术学、色彩学构成的"综合艺术"之美的基点上，构建起贯通古今的城市规划与艺术思想。城市规划与建设所寻找的学术根源，在两千多年前的古罗马时代就已经形成了：(1) 以人为本，天文人文并重，以"人是万物的尺度"来定位建筑与城市规划。人体与天体都是自然之美。人体比例是建筑比例的核心尺度。(2) 科学与艺术并重，科学思想与艺术精神统一，体现在城市规划与艺术领域的美学原则与技术规范中。(3) 通过古典的宇宙论思想发现神圣与崇高的"精神制高点"，作为规划的智力资源，贯穿在操作技术层面，应用高端定位的技术，启动圣灵与人的情感与智慧，并体现在城市规划与艺术实施的过程中。(4) 自然哲学，音乐与数学之美，色彩与造型之美，心灵与圣灵之美，融会贯通在城市规划与建筑艺术的技术流程之

中。(5) 拓展延伸城市规划与艺术的精神视野和文化内涵。城市规划与艺术所承载的"城市文化含量"与"城市文化容量"，是规划定位的核心。"城市是文化的容器"(刘易斯·芒福德的名言)。维特鲁威所阐述、所包容的一切，正是城市的整个容量，是文化规模与文化智慧的合成。

《建筑十书》的知识既专业化，又艺术化，既有精辟的理论，又有应用技术操作的美学规范。从音乐的和声到壁画的色彩，从水源到地形，从人体比例到与建筑结构的关系，从日晷到时针，从天文学到计时器，从剧场到广场，从私人建筑到公

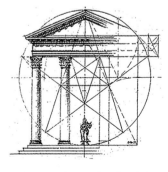

集人的尺度、数学之美、城市
建筑之美与一体的综合艺术

共建筑，从自然资源到人文精神，从绘画雕塑到研制颜料，从动力学到自然哲学与美学，从数学之美到城市之美……维特鲁威开启了城市规划与艺术的心智灵源。

《建筑十书》经过历史发展的印证，被证明具备思想活力与文化艺术的容量。

维特鲁威的城市规划与艺术的观念和体系，在今日世界并没有过时。因为文化时空中的人类智慧圣灵之火是永远也不会熄灭的，普罗米修斯仍然可以引导城市之美的心灵走向光明。分析、研究维特鲁威《建筑十书》中提供的各种文化内涵与学术渊源，寻找一脉相承的智慧原点，是时代进程与城市规划与艺术发展的需要。

挖掘《建筑十书》这一心智灵源的思想内涵和文化深度，可以使城市规划与艺术的认知超越某种局限，使精神视野更加开阔，使古往今来关于城市规划与艺术的经典学说、精辟理论、经典文献、经典的规划复活，广博持久，构建城市规划与艺术的系统理论与实践。

3.4 其他城市规划美学思想流派概述
AESTHETICS OF URBAN PLANNING

达·芬奇：
精神和才智间的守恒

达·芬奇在论述"精神"和"才智"间的关系时曾有很著名的论断：精神和才智间的守恒。（达·芬奇笔记·论精神生活，P.271）

达·芬奇在文艺复兴时期就提出了这个精神生活的时代命题。对于城市规划与艺术而言，"精神和才智间的守恒"依然是个核心命题。

只有精神和才智间的守恒，才能保持城市规划与艺术的高度，使精神生态保持平衡。

达·芬奇的笔记手稿和图稿中有一些是关于建筑与规划构想的，他论证了思维与规划之间的关系："每个物体通过射线将本身的无数形象充满于周围空气；物体间的空气布满着由物体辐射着的形象的交叉。"

"点发出射线，射线由无数分开的线组成，空虚的空间起始于物体的尽头，物体起始于虚空的尽头，点无中心，点本身就是中心，点的终极是虚无，而线有共同之处。"

"虚空和线之间不存在任何空间，既非虚无亦非线。因此，虚空的尽头和线的开端是互相接触的，对它们没有连接在一起。区分它们的是点……"（《达·芬奇笔记》，P.123）

从古希腊的建筑、雕塑、音乐、绘画与规划到文艺复兴，贯穿一条艺术与科学的主线，这就是——精神和才智间的守恒。

任何时代的规划和艺术，都是那个时

达·芬奇名作中的建筑空间设计（1594 年作）

代精神的坐标与象征。人类智慧之光，体现在世界历史文化名城和那些永恒的建筑之中。达·芬奇所论述的"射线"、"形象"与"空气"的内在联系是很精辟的论断。

达·芬奇精辟地阐明了物体的射线是承载形象的，每个物体都是形象的集成，通过射线把无数形象充满于空气——空气是弥散形象的。物体和空气都是负载形象的，并且"物体间的空气"是"辐射形

象的交叉"。再进一步推论：物体是形象，射线是形象，空气也是形象。射线是辐射形象的，空气布满着辐射的形象，物体间的空气布满着辐射形象的交叉。

这种关于空气、射线承载形象的观念，是达·芬奇思想观念中的精华，看上去有些像后现代的观念，却产生于达·芬奇。

达·芬奇不是思辨哲学的代表，而是科学与艺术实践实证主义者。达·芬奇笔

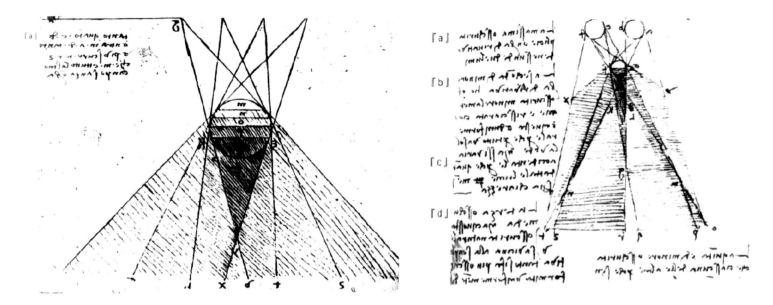

达·芬奇关于光、射线、阴影的说明手稿

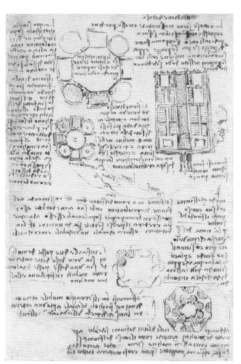

达·芬奇关于建筑平面布局的手稿（1508 年）

达·芬奇关于斯福尔扎纪念碑（Sforza Monument）的设计研究手稿

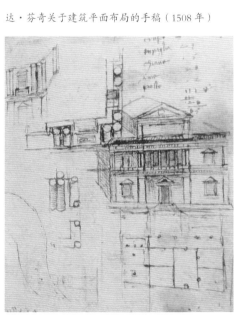

达·芬奇手稿

达·芬奇《三博士的礼拜》草稿

记和手稿是他的思维与实践的智慧结晶。对于当代深入研究城市规划与艺术领域的思想精华，达·芬奇的上述论点代表了科学与艺术精神的制高点。既是宏观的，又是微观的，既是富于哲理的，又是形象化的，既是辐射到动态的，又是以物质与流体射线贯穿的，好像比爱因斯坦的相对论学说更富于自然哲学，精神现象与形象的抽象。达·芬奇强调了形象的空气与空间学说，是划时代的贡献。

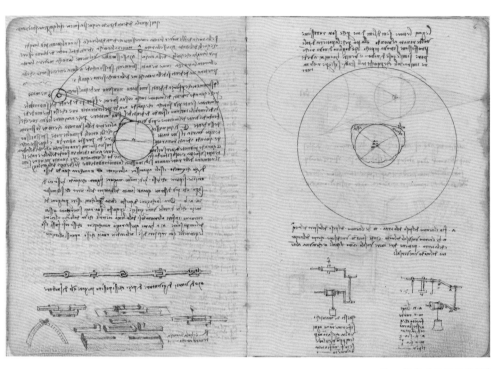

达·芬奇《马德里手稿》

伯尼尼的美学思想

　　伯尼尼（1598 – 1680 年）是位艺术家、雕塑家，同时也是罗马一位著名的城市规划专家。

　　在罗马市区的景观方面，伯尼尼是给人留下最深刻印象的艺术家。他是连续三任教皇钟爱的建筑师、雕刻家与城市规划设计者。伯尼尼的雕塑作品，创造出城市空间的视觉上的高度美感。

　　圣天使桥上的天使雕像是伯尼尼的杰作。位于罗马最美丽的那沃纳广场（Piazza Navona）上的喷泉也出自伯尼尼之手。伯尼尼的雕塑代表作"四河喷泉"（Fontana dei Quattro Fiumi）位于广场中心（1651 年建）。伯尼尼设计的这座四河喷泉，用四个人头雕像，分别代表着世界四大河流：恒河（Ganges）、多瑙河（Danube）、尼罗河（Nile）及普拉特河（River Plate）。广场的摩尔喷泉（Fontana del Moro）中央的雕像是伯尼尼的雕塑作品，他使用海贝、岩石和其他自然物构成喷泉，并善于采用控制技术，使泉水源源不断地流出，这一技术是创新之举。海神喷泉、特列维喷泉、特莱顿喷泉（Fontana del Tritone，1642 年）都是伯尼尼的雕塑代表作。

　　伯尼尼对罗马城市规划的影响和贡献

伯尼尼

伯尼尼，《普鲁托和普洛塞尔皮娜》

是将巴洛克的艺术完美的融于罗马城市规划与艺术的格局中，使罗马变成了一座独特的巴洛克城市。

古希腊、中世纪、近代的城市规划美学观

　　从古到今，西方城市规划思想和流派纷呈。在全世界城市规划领域，纵观古今，无论何种学派，无论哪种学说，无论哪个时代，无论哪个国家都有一个共同点，在涉及"城市规划与艺术"这个命题时都可取得一致，即承认艺术与美是城市规划的命脉与核心。特别是近代的"文脉派"、"田园城市"、人本主义及"城市意象"派，其自然主义景观环境美学，建筑与城市规划美学等，都承传了古希腊、古罗马、文艺复兴时代的古典美学规划思想，在扩展城市空间的同时，也在扩展城市规划与艺术这个领域的美学内涵。每个时代的精神风貌和气象与文化气质都显现在建筑格局与城市规划的艺术格局之中。因此，各个不同历史时期的城市规划，也就是那个特定时代"城市文化的容器"。哥特式建筑象征中世纪"信仰的时代"，那种崇高的

昂温

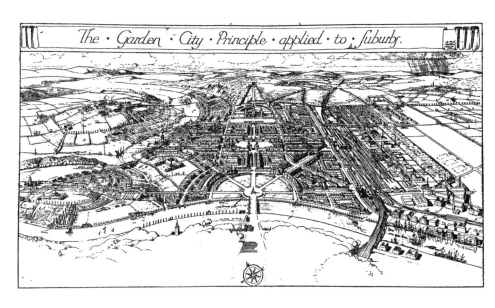

昂温《旧城镇新需求》(*Old Towns and New Needs*)中关于郊区的模式设计图

信仰和圣灵的超然建筑，探寻神秘的苍穹，探究隐于心灵和圣灵间的艺术尺度，向幽秘的空间探寻"心灵"与"圣灵"的共鸣，像圣咏，像赋格，有旋律，有和声，有赞颂，有吟唱，有交响。中世纪的弥撒和圣咏——哥特式建筑教堂是建构了"信仰时代"，心灵与圣灵的丰富——高古的情韵在音乐的宇宙星空永恒。

古今名家学说、多种流派对于城市规划美学的见解和主张可能不尽相同。近代英国田园城市运动的倡导者之一——恩温，在其著作《城镇规划实践——设计城市与郊区的艺术入门》中解释了"城市中的人的生活及其愉悦感"与"艺术/美"的关系，或者说，是把生活的愉悦本身被表达的这一整个过程定义成艺术/美。

柯布西耶对城市之美有着自身独特的一套见解。他不推崇浪漫派的诗人气质、也不赞赏细节上的修修补补和雕琢。他的论述中经常涉及"协调、和谐、满足需求、一致"等要点，这些经常是城市规划与艺术的追求。

城市规划美学，集古今规划学说、流派、思想、学派之精华，以城市规划与艺术为主题，以艺术与美为构建规划的主线，

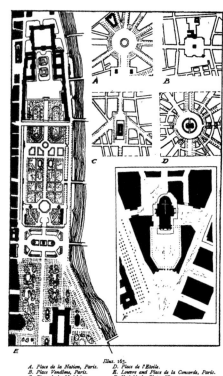

昂温《城镇规划实践——设计城市与郊区的艺术入门》(*Town Planning in Practice: An Introduction to the Art of Designing Cities and Suburbs*)
上图：对曼海姆规划平面图的分析（阴影部分为老城区域）
右图：对巴黎地标平面图的分析

确立以人为本、以人的文化心态与智慧为本的核心思想；传承古典美学，指导当代规划。梳理规划美学思想文脉，挖掘城市规划的深层文化内涵。研究和整理人类城市规划的历史，溯源城市规划与艺术思想的起源、发展和演变的历程；思考规划的美学规范，思考人类为什么会以艺术和美的规划来构建生命与生存的空间？探寻人

类究竟是以瞬间际遇，还是依完美的规划来延续永恒？用艺术肯定生命，用艺术肯定人性之美的永恒，用艺术规划塑造心灵与圣灵的共鸣。

世界名城之美，首先还是城市的艺术与文化之美，渗透在历史文化智慧中的超级构建。

城市规划美学，是集历代规划与艺术

的精华而集成的。考察人类城市规划的发展史，就是人类寻找心灵定位的艺术高度的历史。

古希腊的雅典卫城在爱琴海沿岸。智慧的女神雅典娜，最早以她圣洁的心灵和美的情怀，引导人类从艺术起步。

雅典娜用她的情感与智慧启示人类要以心灵融圣灵，用艺术与美的情怀去面对生命的历程。

艺术与美的城市规划，是人类精神的最高活动之一，规划本身就带着情感与智慧，带着感觉的本质。完美的规划浓缩了完美的思维；凝聚了音乐与数学之美；韵律与节奏之美。一条控制线的选择，正是灵感起作用的时刻。如果我们在雅典帕提农神庙面前停步，那是因为它触动了我们的心弦。精神的轴线，是作品的控制线。物理的定律和心灵的感应就是属于这条轴线的。

《出三藏记》中有"业在心源"之说。切中城市规划与艺术的命题要义。业在心源，是古训，大致是强调"心"与"业"的关系。心源，论证了规划以人心定位的关键命题。

任何规划都是以心源启动灵源的。文化就是文心的转化。城市规划绝不是数据图表的累积就能显灵的。只有高度的专业素质、高雅的心态情怀，才能够用心灵承载规划之美。

专业学识，专业化的知识是必要的条件，但是规划的艺术更需要"心源之美"。这就是中国古典艺术哲学经典——《文心雕龙》的"文心"——天地文心支撑世界。

文心之源，也就是"业在心源"，其本意是触及城市规划美学核心命题了，心源即灵源。

在时代与艺术发展进程中，一切都在变化中，一切都在变动中。只要我们的心灵能够把握城市规划与艺术的尺度与准绳，就可以构建更加美好的生命生存空间，完美就在规划中。

艺术感觉与柯布西耶的艺术观

下面，引述自柯布西埃的"论规划与艺术"：

（1）精神的轴线。

（2）科学与艺术就是在这一轴线下产生的。如果说设计中的数学计算的结果使我们满意，这也是因为它们是从这一轴线中出来的。

（3）飞行器、独木舟、乐器和所有从经验和计算结果而得出来的东西，对我们像有机体一样，像自在的生命一样，那也是因为找到了轴线，它们都是以这个轴线为基础的。从这里我们找到了协调可能的定义：就是说找到了与人们心中的轴线一致的时刻。这就回到了宇宙的一般规律。

（4）控制线带来了艺术中的抽象形式，提供了规律的稳定性。

（5）控制线是一种精神境界的满足，它引导我们去追寻巧妙的协调关系，它赋予一个作品以韵律感——与人类精神的轴心紧密地联系着。（[法]勒·柯布西埃，《论艺术》）

艺术感觉，是人类心智所特有的感觉，是人的心理的、精神的最微妙的感觉。城市规划美学，从深层次探寻潜在智能含量，也涉及心灵与心态。艺术感觉是心理状态灵敏性的反应，是心智神情高度凝聚时产生的感觉，也是情感和情思作用下的心态。艺术感觉是心理状态灵敏性的反映，是心智神情高度凝聚时产生的感觉；也是情怀、情感和情思作用下的心态。艺术感觉首先是一种灵动的直觉反应。在艺术与美的观照静悟中，在审美静观中，人"以他

全部的心力去知觉"（叔本华，《意志与表象的世界》）。感觉是知觉的核心。城市规划与艺术是人类心灵对空间的一种构建行为，其本质特点也是心灵之美的创造行为。

视觉是与更高维的空间有关的。视觉是有其高度选择力的，这不仅说明它能够注意到那些特别吸引它的东西，而且也说明了它处理任何物像的方式。完美的城市规划，是十分重要的定向与定位手段，也是各种元素与功能的结构过程（包括心态与生态，心境与环境）。独特的美感创意，特定的感觉来自精神结构、内心深处，是生命内在活力的一种机能。世界城市规划史雄辩的证明，人类从此不再感到自己是听凭自然力量或超自然力量的摆布，凭借艺术与美的规划，不必只是服从自然的力量，而是可以凭着精神的能力去调节和平衡自然力。

当人类意识到艺术圣灵之火，当人类开始用艺术与美来规划一座城市，来把自然生态与人的心灵状态平衡还原为规划的智能资源，就发展出一种对空间形态构建行为——规划的艺术。

在古希腊的艺术中，人与诸神都不是道德理想的化身，而是特殊的精神能力、心理能力、艺术倾向的体现。希腊艺术是人的精神活力创造性的产物与象征，希腊的建筑、音乐、雕塑与绘画都铭刻着智慧之光。希腊艺术是人类艺术与科学精神的骄傲，也是城市规划美学典范。智慧女神雅典娜同时支配着智慧和艺术的命运。

艺术发展了人们对自然及自身的控制能力。

史前美术和原始艺术的图像是人类的手迹。在岩壁上留下带有色彩轮廓的记忆。人类文明的第一道脚印，人类在现实世界的物质上留下的视觉符号，表达了人类的精神能力，征服自然的雄心。在古埃及或

正在进行巴黎历史街区改造设计的柯布西耶

柯布西耶设计的马赛公寓

美索不达米亚，雕塑家塑造的面向天神而立的形象，取代了它所表现的人的形象。因而它承担了永久祈祷的使命，因为人的生命消逝会中断这种祈祷。在人的进化过程中，音乐、绘画、美术、雕刻、建筑艺术对于表现心灵的作用，使得心灵与圣灵在城市规划与建构中永恒，与探险家发现新世界、学者发现世界机制和奥秘所起的作用，同样令人振奋；艺术对人的精神世界的探索与对自然本质的发现，与科学在征服物质和生命方面的发展，同样都是人类文明的骄傲。从艺术哲学与心理学来看，艺术不仅在构成我们生命体的各种成分之间建立了平衡，而且还在我们的内心深处、精神世界，与能够为我们所认识的现实之间，建立了平衡——这也正是城市规划美学的核心。

柯布西耶的巴黎规划设想

3.5　城市规划之美的本质：建立空间温情体系
FOUNDATION OF AESTHETICS OF CITY PLANNING

城市永恒之美的传承

技术与美学规范，是一个标准应如何定位的尺度问题。有个流行说法，什么是好的规则？领导说好的就是好。这种说法且不论其是否戏言，它说明：如何在更高层面定位城市规划，是一个应归于科学与艺术美学规范的课题。古往今来，世界名城之美已经用城市发展史定位并回答了这个问题。如果把城市规划提到追求"永恒之美"的高度上，就要着眼于那些世界名城的历史发展过程。

建筑史基本上是人类占用有形空间的历史。(尼古拉斯·佩夫斯纳，《欧洲建筑史纲要》导论)建筑是视觉艺术中最综合的艺术形式，建筑艺术在希腊艺术和中世纪艺术中，是占据了统治地位的。人类最早的觉醒就是构建了城市的主体——建筑，来显示对时空的把握，对生存空间的占据与把握，当然是用艺术的尺度来把握自然资源。早在维特鲁威的时代(公元前22年)之前的古希腊，就已经形成了城市之美之源。我们今天仍然可以在博物馆里见到珍藏的画在羊皮纸上的城市规划图。

到公元10世纪末，最杰出的规划革新出现在那些平面规划中，那些从中心向四方延伸和交错式的规划。交错式规划首次出现在克吕尼，后来又发展出更加完整的"节奏体系"。

文艺复兴三杰中的两位大师对城市之美的传承做出了贡献。

1515年，拉斐尔被梅迪奇教皇利奥十世(Leo X)委任为古罗马建筑的主管，他让一位人文主义朋友翻译了维特鲁威的著作专为他个人所用。他草拟了一份备忘录给教皇，提倡精确测量古罗马遗迹，以及地基规划、立面结构和各建筑部分。(尼古拉斯·佩夫斯纳，《欧洲建筑史纲要》，P.150)

米开朗琪罗被称作"巴洛克之父"，他是将建筑转变为个性表现器具的第一位艺术家。他的作品容量宏大，气势雄浑。他创作的任何作品，一座建筑，一个房间，一幅画，一件雕塑作品或一首十四行诗，都会让观者敬畏。他的作品就像他的性格，具有大理石的雕塑感，诗意美感中的沉雄稳健气质。米开朗琪罗的建筑代表作是圣彼得大教堂，这座建筑回归了中心集中式的规划。圣彼得大教堂穹顶的巨幅形状和极度"excelsior"(精细)的构造，是我们见到的最早的预示着巴洛克风格的构造。拉斐尔的柔美具有莫扎特音乐之美，而米开朗琪罗开创了象征英雄气势的交响乐巴洛克之美。米开朗琪罗也是一位诗人，他把诗意铸成了雕刻，构建成巴洛克的强音，在世界城市规划与艺术史中回荡。

因此，城市规划与艺术的进程，就是人类不断以美的尺度去营造自身生命精神与时空的共融，以美的尺度构建城市之美。纵观世界名城，都是充满着人类心灵对空间的感受的升华，对空间与心智的立体转化，这样的条件下才形成了富有诗意美感的建筑与城市……在阳光照射下凸现雄浑

霍华德《田园城市》(第二版)的封面

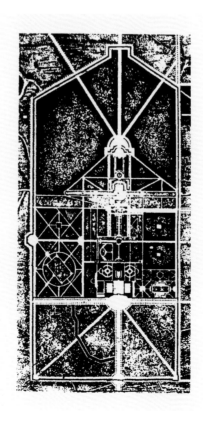

法国维康宫(府邸)平面图

的交响；在月光映照下显示出灵韵。

　　城市之美，由心灵之美来营造和构建；心灵之美，透过城市之美而得到还原。

　　今天的时代，我们依循什么？时代已经发展到了必须关注生存空间的规划艺术的时期了，时代的进步与艺术格调的需求在不断提升。

　　时光流转，当我们静思生命的精神与生存的时空还缺少些什么的时候，我们还是应寻找心灵之美的情感依托，寻找音乐之美，数学之美，色彩之美，环境之美，心境之美，所有容纳这一切的城市之美。如同罗马的泉水，永不枯竭。

城市规划美学
——建立空间温情体系

　　纵观世界名城的发展史，我们可以强烈感受到的印象，就是世界名城的规划艺术之美。

　　城市规划美学，是建立在科学与艺术基础之上的关于城市空间体系构建的美学，是立足于科学分析、宏观调控、艺术构建基点上的美学；同时也是以城市文化为核心，以城市资源自然生态与人文精神统一而形成的规划艺术科学。

　　关于美的定义，比关于艺术的定义还要复杂一些。人类对于美的定义，从来就不是一个抽象的概念，自从"人是万物的尺度"成为宇宙的人文尺度以来，各种思想、各种学派关于"美"的定义，从来没有一个标准的定义，也不可能对"美"给予抽象的界定。就人类的感知能力、认知能力和思维能力而言，美，似乎不能属于思辨逻辑领域，也不属于抽象的哲学领域。从哲学史、认识论、宇宙观等理性分析的角度，也不可能给美一个标准的界定。席勒的《美学书简》也只是概述美的轮廓，

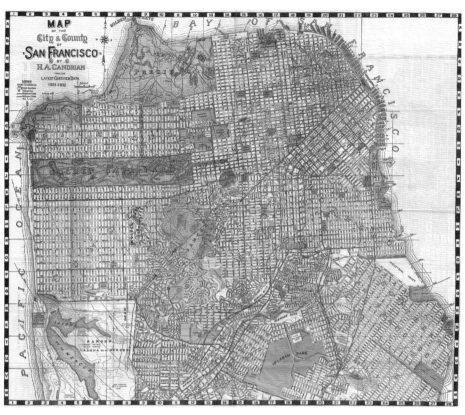

1932 年的旧金山公园系统分布图

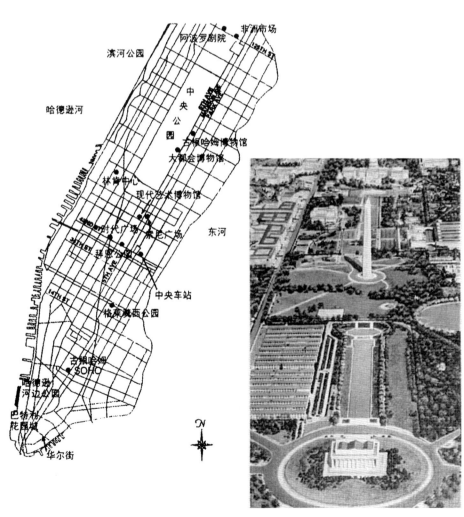

纽约的中央公园　　　　　　自林肯纪念堂延伸的国家广场（National Mall）

坎特伯雷教堂

法国兰斯圣母院内部

康德对人类的判断力进行了论证，包括对美的判断。黑格尔的《精神现象学》也对美的感知进行了精神现象学的推论。哲学史上最著名的美学论著是黑格尔的哲学巨著——《美学》。

从古希腊自然主义哲学、亚里士多德、柏拉图到苏格拉底，古希腊哲学定位的是"人是万物的尺度"，这就把人定位在"美的宇宙空间"了。

人的形体之美、思想之美、精神境界之美、智慧之美、生命之美、学识之美、创造之美、数学之美、音乐之美、雕刻之美、色彩之美构成为人性之美。黑格尔的《美学》和《精神现象学》开启了美学系统研究的新高度。

《美学史》的作者——英国的鲍桑奎把美重新定义为是"主体的一种状态"（见《美学史》）。

古罗马的《九章集》对美的定义很

简洁概括："美就是均匀对称"，"美基本表现在视觉上"，"凝视是看见大美的眼睛"。凝视（经常被译作"审美"），是美的灵魂与目光的发现。"灵魂如果没有成为美的，就不可能看见美。"（普罗提诺《九章集》·论美，P.69）对于城市规划美学而言，涉及科学与艺术之美，是世界上美的综合体。这种美学不是哲理思辨性质的，更不是抽象的美学概念。总而言之，可以定位在：城市规划美学是对美的立体构建，把美的理念与形式组成美的空间体系和艺术形态。

维特鲁威已经在两千多年前提出了城市规划美学的思想，并且比较系统化。

古罗马的《九章集》中"论美"有个专题，其论点主要有几个："至善就是原初的美"；"形式是可理知的美"，要对美有感知"必须对灵魂进行训练"；对于美的定位："美是万物之美"、"首要之美"，

美，"就是智慧本身"。

城市规划美学，所遵循的是古希腊智慧思想，不是虚玄空洞的概念。古罗马《九章集》对于美的论述，很符合城市规划美学范畴："美就是实在"，"真实的存在"。"理智把美赋予灵魂"，"其他一切美的事物，都是由灵魂创造的。"古罗马《九章集》论美的篇章，也是诞生于维特鲁威的年代，对美的根源给予了定位：美是"人能够借着灵魂的洞识力看到的"真正的美。美就是智慧本身。"智慧则是一种理智活动，引领灵魂走向上界的事物。"当灵魂看到了美之后，"就形成了形式和构成力量"，"归属理智和神。美和一切相似的事物都是从那里发源的。"所以，"当灵魂提升到理智的高度，它的美也就得到了增加。理智以及一切属理智的事物就是它的美。"（普罗提诺，《九章集》·论美）

城市规划美学，是定位美的空间秩序、

空间结构、空间形态和形式的艺术构成，把美的规范具体化而成为一座美的城市。

美是空间的宇宙定位、定向。任何规划首先是寻找美的坐标系，美，在城市形态中是最具体的、可认知的，比如城市的色彩、道路的美观、建筑的诗意，最重要的还是城市的文化和艺术综合形成的美。

中世纪的古城，具有艺术特色之美，拿法兰克福和波士顿比较锡耶纳和佛罗伦萨就可以分辨出差别。中世纪古城艺术感更强，许多欧洲中世纪古城都成为世界文化遗产了。

英国有座古城叫劳特洛，纯正的古城坎特伯雷，还有约克古城，至今仍保留旧世风情。城堡、城墙、城门、约克古堡和约克大教堂构成精美的名画。比萨古城，倾斜的塔定格定位了那个时代的美。如果以人间聚散论城市规划格局，欧洲一些中世纪古城都是聚灵趣灵韵的。芝加哥、纽约这种超级规模的城市倒是容易流失温情和诗意的。

城市规划美学，从本质上讲就是建立人和空间温情体系，为理智与情感找到完美的空间形式，把一切凝聚在完美的形式结构中。

人的生存空间曾经是抒情的、浪漫的、温情的、迷人的、神秘的、美好而神奇的。人类在深层次构建空间序列时，曾经是以人心为美的依据的。现代世界的人再凝视漫游古老的游吟诗人的环境空间，感受那种古朴天然的城市之美，自然形态的律动，它们在城市规划与艺术发展史上定位了神秘而完美的空间抒情定位系统。

坎特伯雷大教堂鸟瞰（内有英国最古老的壁画）

英国利兹（Leeds）城堡

英国约克古堡鸟瞰

URBAN CULTURAL CAPACITY
AND
THE VISUAL REPRESENTATION OF URBAN PLANNING

第 4 章

城市文化容量与城市规划形态

第4章"城市文化容量与城市规划形态"，以欧洲著名的文化艺术城市中的博物馆和美术馆为主要内容。

博物馆和美术馆是城市文化形态的核心，也是延续城市文化命脉的纽带和桥梁。博物馆和美术馆的功能与作用是可以用于城市的文化积累与传播的。博物馆和美术馆可以提升城市的文明，融汇古今艺术资源，深入挖掘城市之美的文化内涵，提供世界经典艺术存储和收藏之处，有效的修复古典文化艺术，拓展城市文化的空间容量。

4.1　城市文化与艺术的容器——博物馆和美术馆

CONTAINERS OF CULTURE AND ART OF CITIES: THE ART MUSEUMS

人类智慧、名城之美的结晶

世界名城之美，很大程度上在于文化、艺术与文明使之成为"世界文化历史名城"，而彰显其美的魅力。而世界名城的美术馆与博物馆，就名副其实的成为城市文化的容器了。可以容纳文化积累与欣赏收藏的经典艺术，容纳人类情感与智慧的创造结晶；可以容纳从史前到古今的文献和文物精华；可以容纳音乐、美术、雕塑、建筑装饰、壁画、舞蹈、戏剧、印刷、电影、各种版本的文献典籍、诗歌、乐器、名画及各种科学与艺术的发明。世界名城的美术馆与博物馆是城市文化的精髓。同时，也是艺术财富的资源集成。

作为城市文化容器的美术馆与博物馆，是世界名城之美的象征，也是各种文化艺术形态的舞台与城市文化的窗口。罗浮宫总是吸引着世界的目光。大英博物馆成为名副其实的伦敦地标。伊丽莎白和艾尔伯特博物馆已经成为英国的艺术财富资源。

世界名城的美术馆和博物馆收藏着人类智慧创造的各种艺术品，从信仰时代的手抄本《圣经》，到绘在古老羊皮纸上的城市规划图，从列奥纳多·达·芬奇的建筑规划草图，到解剖学手绘图稿，从达·芬奇的飞行器设计图，到拉斐尔画的圣母及《雅典学院》壁画，从格里高利圣咏古乐谱，到古老的羽管键琴，从卡拉瓦乔的经典绘画，到米开朗基罗的雕塑《大卫》和《摩西》，从瓦萨里的湿壁画，到波提切利的《春》和《维纳斯》，从拉图尔的烛光，到伦勃朗的肖像画，从荷尔拜因的素描与油画，到威尼斯画派提香的色彩，从圣彼得教堂米开朗琪罗壁画《创世纪》到《最后的审判》，从乔尔乔内的圣像画到丁托列托的天使乐神，从鲁本斯色彩的醉意到安格尔古典的幽雅笔触，从卢浮宫到梵蒂冈博物馆，从多雷《但丁神曲》到丢勒的铜版画，从埃舍尔的魔镜到莫奈的《日出》，从印象派的光与色，到德彪西的《牧神的午后》，从拉斐尔的《雅典学院》到达·芬奇《最后的晚餐》，世界名城的美术馆和博物馆是人类智慧之美的结晶。

牛津阿什莫林艺术与考古博物馆

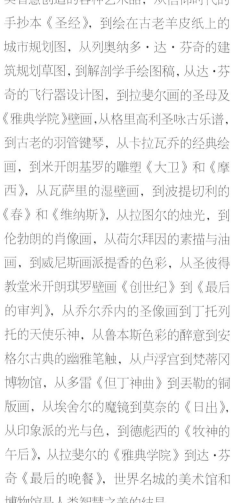

巴黎大皇宫（1900年世界博览会展馆）

巴黎卡尔纳瓦莱博物馆（Musee Carnavalet）

英国自然历史博物馆

佛罗伦萨乌菲齐美术博物馆

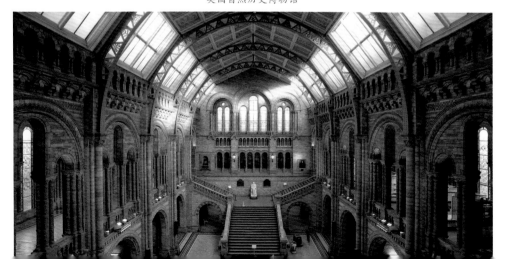

城市的文化艺术财富之源

安德烈·波切利的双眼失明了，再也看不到视觉形象的美了，可是他的动人歌声和灿烂的微笑，传递着灵魂的情韵。在我们生存的世界，什么是财富资源？什么是贫困？这并不是高深的哲学命题。灵源枯竭，精神的贫困是会使一切流于卑贱和寒酸。只有艺术与文明，才能拯救人的尊严。美术馆和博物馆在城市规划的格局中，绝不只是装饰门面的，相反，却是"城市文化之眼"，世界目光的焦距与关注点。

从古希腊雕刻的残片，到庞贝古城的壁画；从智慧女神雅典娜，到米隆的掷铁饼者雕像；从维纳斯到罗丹的《思想者》；从巴洛克建筑到哥特式教堂……人类的文化在塑造着人类的智能。

城市规划的美学，应该追溯美的规范和美的艺术构成。一座城市的文化空间，文明的尺度，时代精神的坐标是通过美术馆和博物馆的特殊功能实现的。美是直觉的感染力，美也是心灵与万物神秘冥和的"心智引力"、"心态引力"、"心情引力"。作为城市文化容器的美术馆和博物馆，应该是世界名城之美的灵魂。

法国巴黎的奥赛博物馆是由废弃的火车站改建的，成为世界城市规划与艺术史上的杰作。一座被废弃的旧火车站被改建成为世界上最著名的博物馆，这种功能的转换是值得赞赏的。

如果文化也是生产力，那一定是再生能源，通过"心灵融圣灵"，使一切复活。

美术馆有世界超级的，比如卢浮宫、佛罗伦萨的乌菲齐美术博物馆、罗马梵蒂冈博物馆，也有微观精致的，比如欧洲的一些小型博物馆。无论规模大小，要看珍藏品的级别与分量决定其定位。因此，美术馆是城市文化的纽带和桥梁，可以贯通古今，融汇灵源。如果一座城市的规划要达到"城市文化之美"的时代高度，那么，美术馆和博物馆就不是附庸风雅的点缀项目，并非可有可无了。艺术是精神的象征，也是时代的表情。

如果一座城市的规划是依艺术与文化的高度而构建实施的，那就一定是有"含金量的"。这种"含金量"就是文化艺术财富资源的启动。

我国的一些城市，美术馆还相对薄弱，还达不到每座城市应有的艺术规模。罗马粗略统计就有几十座美术馆和博物馆，巴黎有国立、公立和私立的各种美术馆、博物馆近百座。

威尼斯作为世界著名的水城拥有诸多的美术馆和博物馆，萨尔茨堡、斯特拉斯堡、爱丁堡城市规划中有许多博物馆和美术馆，人们可以用精美的艺术珍品陶冶情操，调整心态，改变气质。所谓文化，就是"文心"的转化，文采的升华。文化气息与文化气质可以使城市更优雅，

城市历史文化财富——比萨斜塔

西斯廷大教堂内的米开朗琪罗的壁画

英国圣保罗大教堂

佛罗伦萨乌菲齐美术博物馆与韦奇奥宫

城市历史文化财富——雅典卫城山门

城市历史文化财富——雅典卫城

维也纳艺术史博物馆　　　　　　　　　　　　　　　　　　　　　　牛津阿什莫林艺术与考古博物馆

使心境与环境通过完美的规划来定位格调，化解城市荒漠化的倾向，有效地加强整体调控，使城市的文化功能主导时代的发展进程。

城市文化载体是多方面构成的。诸如著名的建筑、广场、宫殿、教堂、音乐厅和剧场，都是文化载体的综合配置系统。

欧洲许多城市的经典艺术品是留存在宫殿、教堂和博物馆中的。流动流散的艺术品多汇集在博物馆和美术馆，作品收藏、展出是主要的功能。美术馆又分为陈列馆和展览馆两个门类，主要是通过专题展或特色展而推进对艺术作品的欣赏研究。值

得重视的是欧洲各国名牌大学都有美术馆、博物馆和图书馆三大配套系统。英国牛津大学就配置了博物馆和美术馆，其规模设施是世界一流的，并且具有悠久的历史。牛津博物馆是英国最重要的博物馆之一，剑桥大学也拥有美术馆和博物馆。大学内的美术馆、博物馆更倾向于学术研究，更讲究文化内涵和学术传统。牛津博物馆本身就是艺术品，具有英国皇家气派。英国的伯明翰大学、格拉斯哥大学、利物浦大学、爱丁堡大学都有一流的美术馆。作为大学的学术配套系统，博物馆和美术馆具有重要作用。

博物馆、美术馆在现代城市中的艺术价值

博物馆是城市文化的窗口。世界名城都是把城市美术馆、博物馆列为城市文化之眼，城市艺术之窗，集中展示与收藏城市的文化财富，是城市文化含金量的体现，博物馆是城市文化的容器，也是延续城市文化的纽带和桥梁。

世界名城的标识之一，就是美术馆与博物馆。巴黎的卢浮宫是全世界最大的美术博物馆。法国的美术馆和博物馆是收费的（巴黎每个月只有一天是免费的），英国是全免费的。衡量一座城市的规模与文化容量，博物馆和美术馆就是一个明确的尺度，是世界历史文化名城的最主要标识。

法国的博物馆是法国文化特色最明显的特征，文化视野、文化视线、文化资源成为名城"文脉"，代代相传。现代潮流有个偏激的口号"让艺术走出博物馆"，认为博物馆是收藏故人已逝的艺术，其实纵观世界名城的艺术，并非都藏于博物馆。教堂、宫殿、贵族宅邸别墅、广场、建筑、

佛罗伦萨乌菲齐美术博物馆内部

喷泉，城市所有的空间都具有艺术精神和艺术形态，整个城市都存储艺术财富，渗透在城市文化的空间与空气之中。

漫步世界文化名城，美术馆、博物馆是城市文化最精彩、最珍贵、美丽的风景线，博物馆、美术馆是整个城市文化的缩影。

现代化城市规划与古典的城市之区别，在于扩充其城市规模的同时，对待精神世界文化精髓的轴心发生了移动和视角偏移。因过分强调时尚潮流的"个性化"而偏离了人类恒定的美学原则与艺术规范，过分追求流线型摩天楼，虽高度超过了哥特式尖顶，却显冷漠，像林立的冰箱拥挤在城际时空。现代形态追求奇异，林立的玻璃大厦映射出的再也不是五彩圣灵之光，而是"冷艳弧光"，一切都被网速流量过滤掉了，城市的表情，随时代而变，越变越无情。抽象的起源，留在记忆时空。

当我们再重新回顾人类城市规划与艺术的历史，重新漫步世界文化名城，探寻古老而又新奇的城市文化史迹，从雅典卫城的高度，穿越城市文化轴心，解读古典文化之神秘美感，我们看到了圣灵之光浮现在爱琴海，由远及近，智慧女神雅典娜在爱琴海中微笑，美在星空，美在永恒的雅典卫城……

4.2　罗马的文化艺术财富

TREASURES OF CULTURE AND ART: THE CASE OF ROME

罗马的博物馆与美术馆

台伯河穿流而过，这是罗马最著名的河。沿河两岸都是意大利古典建筑遗存。圣天使城堡是罗马情韵的象征，构成奇特的古典之美。

作为世界文化名城，罗马有难以计数的古代文物建筑与文化遗迹，罗马的喷泉举世闻名，还有建筑、雕刻、绘画、教堂、广场、剧场等。罗马拥有众多的博物馆和美术馆。主要有：科隆纳美术馆、国立罗马博物馆、斯巴达美术馆、梵蒂冈博物馆、博盖塞美术馆、朱莉亚别墅、潘菲利博物馆、巴贝里尼宫、卡不多戏剧博物馆、威尼斯宫、罗马乐器博物馆、法尼吉纳博物馆、罗马文明博物馆、卡比利托欧山美术馆、吉亚拉蒙蒂博物馆、法庭古博物馆、国立东方艺术博物馆、科尔西尼宫……

潘菲利美术馆收藏了文艺复兴时期罗马最伟大艺术家的作品，包括提香的代表作品《莎乐美》。博盖塞博物馆陈列有古希腊和古罗马的雕塑经典作品及贝尼尼早期的作品《大卫》。该馆还珍藏鲁本斯等大师的作品。罗马的博物馆与艺术馆有两大类：

一类是收藏希腊、罗马的考古艺术珍品，另一类是收藏文艺复兴时期和巴洛克时期的绘画、雕塑艺术品。梵蒂冈博物馆的收藏品包括这两大类，卡比托利欧山博物馆也是如此。除了博物馆和美术馆之外，还有许多世界著名艺术珍品藏于罗马众多的教堂内，以及宫殿、别墅内。罗马整座城市就是一座巨大的博物馆。这些艺术财富是罗马城 2700 多年历史积累而成。

国立罗马博物馆

国立罗马博物馆马西莫宫

罗马巴贝里尼宫天顶壁画

罗马还有一些收藏艺术品的古老家族，现在变成了国立艺术品博物馆，即国家古代艺术馆，巴贝里尼宫和科尔西尼宫。巴贝里尼宫是 1625 年至 1633 年伯尼尼等人为巴贝里尼家族兴建的。在欧洲，艺术财富的收藏是身份地位的象征，也是家族地位的象征。巴贝里尼宫收藏了从十三世纪到十六世纪的艺术品。现在宫内还有国家从其他私人收藏中接受的作品。

另一个私人收藏馆是博盖塞博物馆，主要收藏雕塑艺术品，其中包括伯尼尼的作品《阿波罗和达芙妮》，以及卡瓦诺的作品《保琳·博盖塞》。该馆二楼是绘画馆，有提香及鲁本斯的代表作品。

罗马的教堂与神殿
——艺术财富之源

作为艺术财富的永恒之城——罗马，大量珍稀的艺术资源在众多的罗马神殿与教堂里。世界上没有任何一个国家和城市在艺术财富资源汇聚教堂与神殿方面能跟罗马相比美。

奎利纳雷的安德烈亚教堂，在椭圆形的建筑内，伯尼尼把力与美的曲线力度发挥到了极致，创造了卓越完美而细腻的巴洛克风格。

人民的圣马利亚教堂中有卡拉瓦乔绘制的大型壁画，拉斐尔设计的基吉礼拜堂和丁托列托绘制的 15 世纪壁画，是罗马教堂中珍藏艺术品最多的。教堂旁边的古

罗马巴贝里尼宫

罗马多利亚潘菲利美术馆（Galleria Doria Pamphilj）

博盖塞博物馆　　　　　　西斯廷礼拜堂

巷内就是罗马美术学院。

古代的神殿最著名的万神庙（公元2世纪）内安放着拉斐尔墓，万神庙最为特别之处，给人以深刻印象的是拱形内部结构形态，圆形穹顶透进天光。公元609年改建成教堂。

文艺复兴时期重新修建的圣彼得大教堂和广场，历时120年才建成，米开朗琪罗设计，教堂高136米，是世界上最高的圆形穹顶建筑。不幸的是，教堂竣工时他已经去世，没有能亲眼看到他设计的工程完工。

米开朗琪罗在圣彼得大教堂内历时16年绘制了《创世纪》，在西斯廷礼拜堂天顶精心绘制了美术史上杰出的壁画。画面共分为33个组成部分。西斯廷礼拜堂墙面上大多是15、16世纪最杰出艺术家所绘制的壁画，墙面壁画由米开朗琪罗从1534—1541年完成，并在祭坛后的墙面上完成了伟大的纪念碑式作品《最后的审判》壁画。

可以这样讲，有限的藏品在博物馆和美术馆，无尽的藏品在教堂和神殿。

4.3　巴黎的博物馆与美术馆

MUSEUMS IN PARIS

卢浮宫——世界最大的美术博物馆

　　巴黎的博物馆与美术馆的规划等级体系也十分丰富,既包括世界级的、综合性的场馆,也包括小型的、专题性的场馆。场馆建筑常与宫殿结合在一起,也有的场馆成了世界级艺术中心。

　　巴黎的博物馆与美术馆主要列举如下：

卢浮宫　Musée du Louvre

奥赛博物馆　Musée d'Orsay

雅克玛尔——安德烈博物馆　Musée Jacquemart – André

国立艾纳利博物馆　Musée National d'Ennery

达贝尔博物馆　Musée Dapper

法国建筑与古迹城博物馆　Cité de L'Architecture et du Patrimoine

夏洛特宫　Palais de Chaillot（内设四座博物馆）

法国电影资料馆　Cinémathèque Française

国立夏佑剧院

巴黎国立剧院

人类博物馆　Musée de L'Homme

酒类博物馆——司酒宫地窖　Musée du Vin-Caveau des Echansons

航海博物馆　Musée de la Marine

法国广播电台博物馆　Musée de Radio – France

加利埃拉宫和时装与服饰博物馆　Musée de la Mode et du Costume Palais Galliera

国立吉美亚洲艺术博物馆　Musée National des Arts Asiatiques Guimet

亚美尼亚博物馆　Musée Arménien

巴黎市现代美术馆　Musée d'Art Moderne de la Ville de Paris

卢浮宫桥

赝品博物馆 Musée de la Contrefaçon

大皇宫 Grand Palais

小皇宫 Petit Palais（巴黎市立美术馆）

加尼埃巴黎歌剧院 Opéra de Paris Garnier

歌剧院博物馆 Musée de L'Opéra

卡尔纳瓦莱博物馆 Musée Carnavalet

克吕尼博物馆 Musée de Cluny

巴黎圣母院博物馆 Musée de Notre-Dame de Paris

巴士底歌剧院 Opéra de Paris Bastille

毕加索美术馆 Musée Picasso

蓬皮杜艺术中心 Pompidou Centre

德拉克洛瓦美术馆 Musée Eugène Delacroix

布尔德尔美术馆 Musée Antoine Bourdelle

罗丹美术馆 Musée Rodin

塞尔努奇博物馆 Musée Cernuschi

蒙马特达利中心 Espace Montmartre Salvador Dali

蒙马特博物馆 Musée de Montmartre

徽章与古董博物馆 Musée du Cabinet des Médailles et des Antiques

格雷万蜡像馆 Musée Grévin

亚当·米基耶维奇博物馆 Musée Adam Mickiewiez

从埃菲尔铁塔望大皇宫
（大宫博物馆）

由火车站改建而成的奥赛博物馆

科涅阿克——杰博物馆　Musée Cognacq – Jay

雨果纪念馆　Maison de Victor Hugo

艺术与手工艺博物馆　Musée des Arts et Métiers

犹太历史与艺术博物馆　Musée d'Art et d'Histoire du Judaisme

巴黎艺术馆　Pavillon des Arts

玩偶博物馆　Musée de la Poupée

时装艺术博物馆　Musée de la Mode et des Textiles

装饰艺术博物馆　Musée des Arts Décoralifs

广告艺术博物馆　Musée de la Publicité

橘园美术馆　Musée de l'Orangerie

钱币博物馆　Musée de la Monnaie

奥德翁国家剧院　Théâtre National de l'Odéon

国立荣誉勋位与勋章博物馆　Ecole Nationale de la Légion d'Hornneur

露天雕塑博物馆　Musée de la Sculpture en Plein Air

罗浮宫内部的雕塑展厅

巴黎大皇宫

巴黎桑斯

夏洛特宫

巴黎罗丹博物馆

巴黎城市改建规划的范例——由莱市场改建成博物馆区（其中包括世界全息摄影艺术博物馆）

国立自然科学博物馆 Musée National d'Histoire Naturelle

扎德基恩美术馆 Musée Zadkine

蒙帕纳斯博物馆 Musée du Montparnasse

军事博物馆 Musée de l'Armée

立体地图博物馆 Musée des Plans – Reliefs

马约尔博物馆 Musée Maillol

科学发现宫 Palais de la Découverte

塞尔努奇博物馆 Musée Cernuschi

尼斯塔夫·莫罗美术馆 Musée Cernuschi

尼西姆·德·卡蒙多博物馆 Musée Nissim de Camondo

世界全息摄影艺术博物馆

巴卡拉水晶博物馆 Musée de Cristal de Baccarat

国立非洲及大洋洲艺术博物馆 Musée National des Arts d'Afrique et d'Océanie

万塞纳城堡及森林（万塞纳城堡博物馆，Château et Bois de Vincennes）

拉维莱特科学园（科学博物馆）

音乐博物馆

凡尔赛宫 Versailles

玛尔莫坦美术馆 Musée Marmottan

巴黎亚洲艺术博物馆

INSPIRATION OF FAITH:
THE ART OF URBAN PLANNING
IN THE MEDIEVAL AGES

第 5 章

信仰时代的灵光
——中世纪的城市规划艺术

第 5 章"信仰时代的灵光——中世纪的城市规划艺术"主要介绍中世纪的城市及其规划布局的特点，从中世纪的智慧、人文精神与名城的关系的角度，来探讨中世纪的城市规划艺术。

5.1 中世纪城市规划的特点

CHARACTERISTICS OF MEDIEVAL TOWN PLANNING

人类步入信仰的时代

中世纪，学术界也称"中古世纪"；因沉潜精研的历史过于漫长，持续的年代又非常久远而显得具有神秘色彩。中世纪的时代曾经被误解为"黑暗的中世纪"，似乎是禁锢了思想的自由和给心灵以枷锁的桎梏。

国际学术界对于中世纪已有科学的定论。"黑暗的中世纪"之说已被否定，因为既不符合中世纪历史发展的史实，又找不到支撑的学术依据。即便是经院哲学，也倡导学术精神与学术研究。

信念与信仰，导致人类精神崇尚智慧的灵光。

人，更加关注内心世界的精神高度，信念带来心灵的力量；信念给人以意志·精神·智慧与命运的支撑点；信念使人类的精神处于宇宙空间，处于科学与艺术的前沿，影响人类学术发展史，影响人类文明的第一道曙光。

中世纪的城市文化是大学的摇篮。

中世纪诞生了大学建制。大学的创建，彻底改变了人类知识系统的构建，进而改变了整个世界的城市文化。

城市文化的形态与本质，因大学的创建而改变。大学改变了知识系统的结构，改变了文化积累和艺术传播的方式，创建了学术研究、开发智能的专业系统。作为"文化的容器"的城市从此有了更加深邃的文化内涵。学术规模和学术视野因此而进一步得到扩充。人类的信念，借助科学

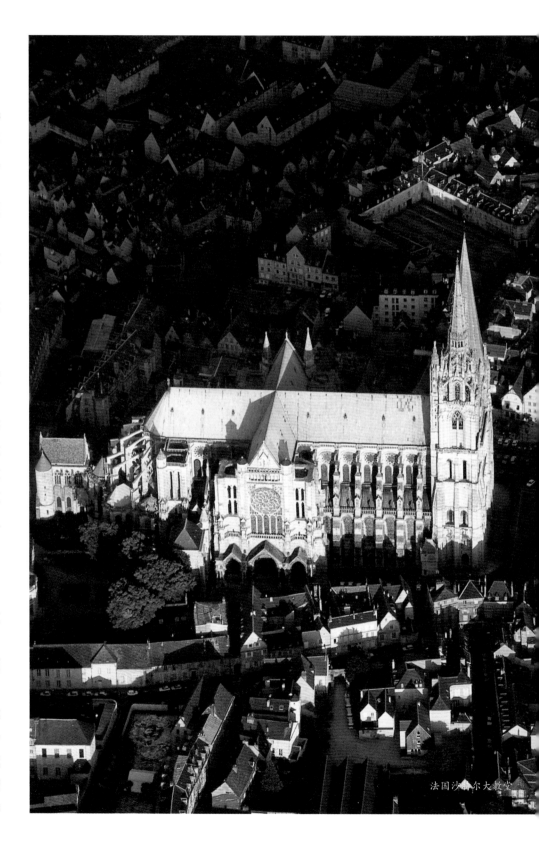

法国沙特尔大教堂

意大利圣吉米尼亚诺古城

世界文化遗产，中世纪哥特式建筑的杰作——法国布尔日主教教堂

英国剑桥俯瞰

与艺术，借助文化的力量，推进了学术领域的纵深发展，神智与神明，使心灵情有所依，志向不移，信仰的虔敬，使心灵趋向圣灵。

城市文化在信仰的时代又有了新的发展，大学的时代来临，开启了人类知识传播与积累的新的学术体系，新的学术思维，新的文化结构形态，新的精神高度。大学的创建，使人类真正寻找到了精神的家园。

信仰的时代，人心虔敬，神情专注。从手抄本圣经古老羊皮纸上的字里行间，可以解读人类通过文化、艺术与文明而塑造心灵的圣咏，弥撒透过教堂绚丽多彩的玻璃镶嵌画而得到回声——人类信仰知识和文化给命运带来的福音……

中世纪的城市布局形式

13世纪时，中世纪城市的主要格局和形式已经固定下来。

中世纪的城市一般说有三种基本的布局形式，空间结构形态基本上以自然生态条件为基础，这些布局形式有历史起源、地理特点、人文资源与自然条件和发展方式相关联。

第一种布局形式，常保持长方形体系的街区布置，这是罗马时代遗留下来的布局形态。有时加以修饰、调整配置，建一个城堡或修道院。中世纪城市平面布置常常保留着一些特点。这些特点，不是人们有意选择的，而仅仅是过去历史上积累或偶然形成的。任何布局首先适应、完善了这些特性。

第二种布局形式的城市，常常被认为是唯一真正的中世纪典型：有些独特的艺术感，结构形态与空间关系并不规则，结

希腊曼特奥拉城

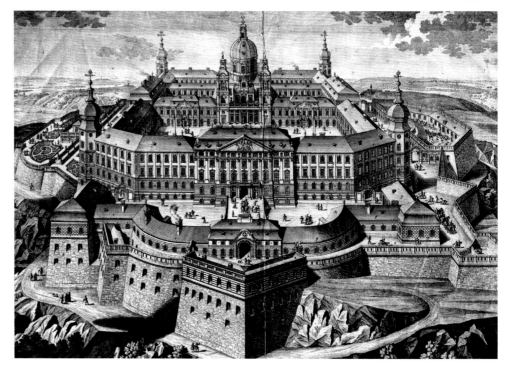

德国格特韦格城

捷克布拉格的老城区广场中心

不规则的布局形式（法国卡尔松）

德国吕贝克全景

法国科尔德（Cordes）

意大利锡尔苗内城堡，建于 13 世纪

构形态变化呈现不规则形式。街巷弯曲，按地形构建空间关系曲线多于直线，比较温情诗意，曲径通幽，其规划设计更倾向于构建城市情调，比刻板笔直的道路网更具有格调韵律，旋律节奏更抒情。

第三种布局形式，常常是严谨的棋盘形规划，中间的空间建设广场、市场或公共集会场所的用地。棋盘中空式布局，格

局虽然比较自然，但可以形成多种占据空间的构成方式。

中世纪城市规划的三种布局形式，是中世纪城市规划的原理，13 世纪已基本形成。把三种城市形态的布局形式分开或组合，就可以产生许许多多的不同布局形式。

在中世纪，流行过一种正规的、整齐

匀称的几何形规划。城市地域以长方形划分为基础。在城市规划领域，奥斯华德·斯宾格勒（Osward Spenglar，1880 — 1936 年）曾经把盘格规划解释为"纯粹是一种进入文明的文化最后固定化的产物"，这种论断和概括似乎是得不到城市规划发展史实支持的。中世纪的城市规划布局，不一定整座城市全是长方格形布局形式，连全城轮廓也是长方形的。而是有时采取圆形的城墙内配置几个长方形规划区域，例如法国的蒙特西盖（Montsegur）、科尔德（Cordes）或德国的吕贝克，巧妙的结合自然界的地形和边界进行布局。

在中世纪城市规划与艺术发展历程中已经广泛应用棋盘格形或长方形的规划。这已经为中世纪城市发展史所证明。然而对此尚存着模糊意识。有时候，这种盘格形或长方形规划被误认为是美国或新大陆所特有的。这主要是因为他们没有系统研究中世纪城市规划与艺术的体系及原理；没有掌握同原形态与相似形态之间的区

瑞典乌普萨拉大教堂

中世纪的城墙（马耳他瓦莱塔）

法国朗热城堡

法国鲁昂圣母院（Notre-Dame de Rouen）

别。"相似的形态在不同的文化中不一定有相似的意义；同样，相似的功能可能会产生很不同的形态。"（The City in History, P.321）

没有一个城市的规划能仅仅用二度空间（通过平面）来说明的。因为只有在三度空间（通过立体）和四度空间（通过时间），城市规划的功能关系和美的关系才能充分显示。（The City in History, P.325）对中世纪城市来说尤其如此。因为它的空间活动维度不限于平面，还有空间体系美的维度。这是中世纪城市规划原理的特征。从美学层面考察，中世纪的城市像一个中世纪的画幅，"像一个中世纪的挂毯"，面对错综纷繁的规划设计布局，"纵横有象"，有势，漫游其中，可观、可感、可居、可游、可赏，时常被美丽的城市景观所迷惑，循环往复，情境迷人。你不能仅凭一眼就

富于艺术感的浮雕，法国圣玛利亚的欧什（Sainte-Marie d'Auch）教堂

能看透规划设计的全貌，其奥秘在于隐显幽微，甚至是"潜隐玄微"。

中世纪城市规划的艺术手法，在于构建城市规划的艺术空间层次关系，避免过于简陋的营造方式，而把人的欣赏导入深邃和玄妙之美。巴黎圣母院最优美的景色，是在后面的观赏方位，站在塞纳河彼岸看起来最优美。阿尔伯蒂对中世纪城市规划的艺术格局有辩护意味的评价。在城市的市中心，"街道还是不要笔直的好，而要像河流那样，弯弯曲曲，有时向前折，有时向后弯，这样较为美观。因为这样除了能避免街道可以使过路行人每走一步都可看到一处外貌不同的建筑物，每户人家的前门可以直对街道中央；而且，在大城市里甚至太宽广了会不美观，有危险。而在较小的城镇上，街道东转西弯，人们可以一览无余的看到每家人家的景色，这是既愉快又有益于健康的。"对于中世纪城市规划美学上的评价，没有人比阿尔伯蒂的评价更为公正的了"。(The City in History, P.328)

中世纪的城市功能区划分

城市规划的区域划分，早在 11 世纪就已经确立了。当时主要是区分 "Both Gemeinschaft and Gesellschaft"（礼俗社会和法理社会），都呈现在同一城市模式中。在德国的雷根斯堡（Regensburg），早在公元 11 世纪时，全城就划分成教士区、皇室区和商人区。这种城市区域划分，不是混杂在一起的，而手艺人和农民就没有固定的居住区域了。在一些大学城，如图卢兹（Toulouse）和牛津（Oxford）还会加上学院区。每个区相对来说是自给自足的。伦敦的四法学院（The Inns of Court）像圣堂一样，组成了另一种封闭式的区域。当然，功能区的意义是让位于以职业划分区域的。

德国什未林城堡（Schwerin Castle）

在现代城市规划界，首先承认功能区者，也许是亨利·赖特（Henry Wright）和克拉仑斯·斯坦（Clarence Stein）。现在，当城市本身的生存由于现代化交通工具过分扩张而受到威胁时，温情舒适的不受街道和主要交通干道控制的中世纪分区的传统做法，又以一种新的形式回归了，它在城市的螺旋形发展进程中，处于比过去更高的位置。城市形态也趋于寻求完美和安宁。

基于自然的有机规划

中世纪的城市规划不是整齐划一的规整形态，而常常是不规则的。这是因为城市的生态资源环境是一些多岩石的、崎岖不平的，地区自然条件被充分规划利用，构建城市。因为在中世纪，这种地形的天然条件有利于城市防御系统占据绝对的优势。由于街区规划不需要考虑车辆交通，所以，按自然地形构建城市空间体系就有优势。中世纪名城锡耶纳就是典型。充分

利用山形建成，可避免占用富饶的可利用河水灌溉的农田，保护田原之美的自然资源。

在有机规划中，城市的规划是偶然抓住了一个有利的条件，从中派生出一项有利因素，这在一个事先制定好的规划中是不可能发生的。中世纪建城有的是"因势利导"的，而不是移山填海的做法。这因势利导，可以引发出自然资源与人文资源、规划智能资源三者完美的和谐的规划艺术。正因为如此，中世纪古城才显示出其优势特色之美（绝不含单调、简陋、雷同）。

有机规划并不是一开始就有个预先定下的目标。而是从需要出发，随机而遇，按需要进行城市建设，不断修正，以适应需要。这样规划就日益变成连贯而有针对性、目标明确又切实可行，以至于能产生出一个最后的复杂形态结构设计，和谐而统一，既不隔绝山势水源，也不改变沧海田园。锡耶纳这类城市最能说明这种逐步发展到完善的过程。

中世纪作为信仰时代的智慧是有启示

德国雷根斯堡

意义的。以现代的目光欣赏中世纪古城，其迷人之处首先是极具整体的艺术美感而又各不相同，这说明依自然造城有其特殊的城市之美。尽管中世纪有许许多多的布局形式、结构形态、空间系列构建方式，但它们几乎都有一个共通的原理，都具有资源平衡、统一协调的布局。正是布局的变化和不规则，不仅是完美的，而且也精巧、熟练地把实际需要和高度的审美力融为一体，构建成世界文化遗产。纵观中世纪——信仰的时代的城市规划与艺术发展史，每一座中世纪的城市都是在一个非常美好的地理位置上发展起来的，为各种资源——人文地理资源、生态环境、自然条件、山势水源、美感资源进行了宏观调控，为各种自然力、思想力、心力、眼力、能力，提供了一个非常好的格局，在规划中产生了非常美好的解决办法和构建方式。

圣米歇尔山城　　　　　锡耶纳的广场

中世纪城市的街道和城墙

阿尔伯蒂是一位典型的中世纪城市规划专家。正如拉维丹（Lavedan）指出的，"他只是记录下了眼底下所看到的一切。"一位游吟诗人漫步时留下的自然痕迹是一条感觉的曲线，从城市规划美学含义上看，这种步行者一旦留下自然的曲线，它的美，成了中世纪规划与建构的特点。

中世纪城市街道多呈曲线的另一个原因是它强调市中心的核心作用。拉维丹说："中世纪城市规划的要点是把城市规划得便于各条道路都集中到市中心。在市中心交叉，平面的轮廓线常常呈圆形，就是现代的理论家们称之为放射同心圆系统的形状。"（The City in History, P.323）中世纪城市规划的决定因素，对诸如在罗马基础上建立起来的古城科隆（Colonge），或是索尔兹伯里（Salisbury）都同样适用。城墙、城堡、城门和城市核心地区，决定了城市的主要交通路线。城墙对于城市的意义，不仅是作为防御之用，而且像教堂上高耸云天的塔尖，是一种象征。中世纪人们喜欢明显的界限，坚实的城墙和有限的视界：甚至一切都有它们的圆形边界——界限和分类分级是中世纪思想的精髓。

城墙在心理上的作用在中世纪，起到了心理上与世隔绝的安全感和安宁感。城堡是能够保佑灵魂与身心的（但不能误解为自我封闭）。信仰时代的人更多关注心灵与圣灵的宇宙精神高度，力避尘世纷乱，确保心灵宁静、神情专注（对中世纪的误解也正在于此，容易把灵魂心理的升华视作隔绝与封闭）。

中世纪的精神创造
对城市规划的影响

真正的城市规划，首先是艺术与美的空间规划与建构；其次是城市的文化容量、自然资源和城市特色与功能的构建系统；再次，应该是人、生命与生存的精神象征与理想在城市命脉中的延续——规划人的生存空间和立体构建人格与文化气质的空间。

城市规划要寻找永恒的美，具有持久恒定的美。城市规划是理智与情感的表达，规划成美的典范与规划，渗透在平面与轴心的布局中。

城市从古到今已经几千年。那些世界名城作为人类规划与艺术的象征，雄辩证明人类通过城市规划而寻找自由与自然、

法国维特雷

德国纽伦堡

法国沙特尔大教堂（带有哥特式尖顶）

英国剑桥大学城俯瞰

夕照下的德国雷根斯堡

雷根斯堡鸟瞰

英国牛津的天际线

激发梦想与灵感的英国牛津大学城

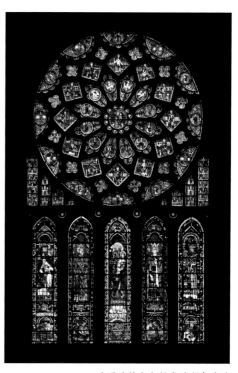

法国沙特尔大教堂的彩色玻璃

自我与自由、自在与自为与宇宙天然之气象的神秘暝合，是心灵潜万象的超然运作——把天地人共融于城市文化与文明的发掘与开拓，是心灵与万物在神秘的韵律与轴心中的共舞与吟唱。

信仰的时代，中世纪的欧洲诞生了大学的建制和体制。法学院、神学院、语言人文学院、哲学、逻辑与数学之美构建了哥特式耸入云天的弥撒和圣咏——人类因完美的城市规划而显示了精神气象的超越庸凡而达神圣！心灵终于可能融于圣灵：

——通过融汇数学之美、音乐之美，找到了开启理性智慧之门的钥匙。

——通过溶注诗篇舞蹈之美而依托建筑与规划的诗意之美。

——通过雕塑与绘画语言熔铸了视觉之美。

——真正的城市规划是人在寻找自身以艺术与美的定格定位的各种可能性。

信仰时代的中世纪，专注于精神生活与心灵，中世纪城市的重要贡献之一是

空间构建的神秘感与幽秘感，使人的心灵不被过度曝光、四敞八开，让炫目的光线透过彩色玻璃更加迷人。现代的裸露式设计让一切尽露无遗，名曰为人性开放的格局，然而却忽略甚至忘记了人类情感和精神生活还需要宁静、幽隐、隐秘、独处、静思、凝神。这一切的需要在中世纪城市规划中是很受重视的。现代人在高度的曝光之后从混乱的信息扰乱中清醒，再重新看待中世纪佑护心灵的一些规划设计，也是有启示作用的——幽思并不意味自我封闭。灵光是神秘的。尽管中世纪城市在其形成的过程中重视了最古老城市的许多特征，但无论从物质形态、自然环境还是城市空间形态来看，在许多方面都有自己的独特创造。11 世纪的德国名城雷根斯堡（Regensburg），位于多瑙河畔雷根河汇流处，是中世纪古城。信仰时代的理想，是构建"神的城市"，是神灵的居所。应该重视中世纪的精神创造对城市规划的影响。

中世纪古城集中分布的聚集地
——法国

梅斯（Metz）城，法国和卢森堡边界上的古城，第一所基督教堂设在一出废旧的圆形剧场中。在中世纪城市中，如果我们忽略了修道院制度的特殊作用，我们就无从找到线索去理解新的城市形式。因为修道院制度的影响主要是在城市的造型方面。威斯敏斯特教堂、克莱佛克斯修道院、圣丹尼斯修道院、卡西诺上和富尔达山，都支配着城市生活，甚至包括城市的建筑样式和空间形态。

卢昂（Rouen）、梅斯、拜约（Bayeux）、亚眠（Amiens）、沙特尔（Chatres）、兰斯、米卢斯、柯尼希斯堡（Châteua d'Haut-koenigsbourg）、希克维尔（Riquewihr）、威森堡、瑟堡（Cherboug）、维特雷堡（Vitré）、坎佩尔、富热尔（Fougères）、昂热（Angers）、科尔马、索米尔（Saumur）、希波维尔（Ribeauvillé）、

法国梅斯城

法国柯尼希斯堡

法国希农城堡的晨雾
（颜宝臻作）

欧斯维勒（Orschwiller），这些法国中世纪的名城至今还保留着当年的风貌。其中维特雷堡（Vitré）景色迷人。昂热（Angers）有13世纪的城堡、城墙和17座塔楼，用了20年时间建成。法国名城布尔日（Bourges）保存有1195—1260年建造的圣艾蒂安教堂（Cathédrale St.Étienne，世界文化遗产）。

圣米歇尔山，承受着浪潮和海风的袭击，环绕着危险的流沙，古城的通道又是一道狭窄的海堤道。圣米歇尔教堂就是这样雄伟矗立在巨大岩石的顶端，是诺曼底的象征，也是世界奇观，珍贵的世界遗产。莫泊桑（Guy de Maupassant）形容它是"巨大的花岗岩宝石，如花边般精致，堆挤着高塔和钟楼"。这座教堂已有超过千年的历史，是全球朝圣者的圣地。11世纪动工修建。即使可能被周围的流沙吞没，或遭海浪席卷，中世纪的朝圣者依然冒着生命危险来此朝圣。在法国，圣米歇尔山被认为是地位最重要的圣地之一。海潮中涌起的圣米歇尔山在维克多·雨果的呼吁下恢复了旧观，成为神圣永恒精神的象征。

卢瓦尔谷地（Loire Valley）的荣耀，来自卢瓦尔河沿岸的数百座城堡，自中世纪开始，这里就是法国王室和贵族的享受之地。因此也成为法国文艺复兴的摇篮。现在这些壮丽华美的宫殿、城堡和花园，已经成为法国最引人入胜的古迹名胜。卢瓦尔河是法国最长的河流，从起源地阿尔代什（Ardèche），一直到圣纳泽尔（St.-Nazaire）流入大西洋全长约1000公里。"世界上最美妙的河流之一。整条河的水面，有上百个城市和500个城堡的倒影。"王尔德（Oscar Wilde）1880年曾称赞卢瓦尔河之美。依山而建的布卢瓦（Blois）俯瞰卢瓦尔河。奥尔良（Orléans）是首府。在卢瓦尔河谷

500 座城堡中，香波堡（Chambord）是最大的城堡，由达·芬奇设计。香侬城堡（Chenonceau）是法国最浪漫的一座城堡。亚杰廉城堡（Azay-le-Rideau）是富有抒情艺术的古堡，法国贵族的享乐圣地许多成为世界文化遗产。

中世纪城市文化体系的确立：大学的建立

中世纪的城市，统一而又多样化。具有独特的美感。中世纪的城市规划在多大程度上是用主观努力去追求特色和完美？人们容易把中世纪城市的美观过多地估计是自发的，偶然的巧合，容易忽视中世纪所受教育的基本性质，即严密和系统。中世纪城市之美，并不是偶然巧合自发形成的，而是系统规划的结果。

14 世纪锡耶纳市政厅，就有城市规划档案馆。而且中世纪的档案馆保存城市规划档案系统，19 世纪一些欣赏中世纪艺术的人，认为这些艺术是没有经过人的创造性努力而天然存在的，是自发形成的。但文献和史诗证明，它是在城市规划中被有意识的规划的。只是中世纪的城市规划看上去像是自然形成的。

认为中世纪的城市是静态的、封闭的格局，也是幻想。在中世纪早期，不但已有几千个地方建立了新的城市化的基础，而且在已经建立的城市中，如果发现位置不好或是发展受到限制，就会迁移。比如吕贝克的迁移城址。老萨伦姆（Old Sarum）也从交通不便的山边风口，迁移

法国欧斯维勒（Orschwiller，颜宝臻作）

法国希波维尔（颜宝臻作）

法国香侬堡

法国香侬堡

到河边的索尔兹伯里。

严密和系统，是中世纪城市规划容易被人忽略的特点，因为人们过于关注中世纪天然奇特的美，易于忽略规划的内涵与实质的作用。

中世纪形成的教育系统，其严密、精致和系统就像哥特式教堂那样具有音乐和数学之美。

大学教育在博洛尼亚开始于 1100 年。在巴黎开始于 1150 年，在剑桥始于 1229 年，在西班牙萨拉曼卡（Salamanca）始于 1243 年，其他城市的有些大学大体上也兴起于 12 世纪。大学结构体系使知识更加严密和系统。这是在任何时代的文化中都是没有先例的。大学的根源无疑早就潜伏在古巴比伦、古希腊。从柏拉图创办学派到古罗马的讲学机构，已经存在学院的根源。中世纪大学体系形成，彻底使人类教育步入世界新的学术高度，系统化研究学术知识，作为一种专业，已经上升到一种永久性的结构系统。知识体系的重要性超过了所研究的具体事物。

大学使文化储存、文化传播和交流，以及文化创造和发展成为可能——这正是城市的三项最基本功能，它们得以充分发挥，大学有条件保证了城市的文化功能、研究、继承和创新。

从牛津和剑桥的那些学院的最初的布

西班牙萨拉曼卡大学（成立于 1218 年）的老图书馆

局形式中可以看出，中世纪的规划对城市发展做出了最独特的贡献。

大学体系形成了城市文化的许多规范标准，学术的独立性又培养了大学的特殊权威。追求真理，追求知识，承认客观真理，以逻辑方法和辩证思维方式去从事科学与艺术，承认学识和科学方法的权威性，系统研究历史文化积累有助于中世纪城市规划与艺术的高度与完美。

中世纪对人类文化最重大的贡献并不是建造了精美的哥特式教堂，而更重要的

是建立了大学体系，人类知识自 13 世纪以来能有那样大规模的发展和传播，离开了大学的环境条件和大学的力量毕竟是无法实现的。教会从此不再充当新的生活理想的源泉了，这一职能逐渐被大学承担下来。城市规划与艺术的学术转折点，是在中世纪确立的，追求知识与真理成为超然的事业。科学与艺术的专业系统研究成为可能。

信仰时代的灵光——中世纪的城市规划艺术，现代人应该重新估价其历史文化

价值。总体上讲，中世纪的城市规划艺术是尊重自然的，崇尚艺术与美的信念的，并融会贯通在城市规划与空间体系的精神实质与文化内涵中。

西班牙萨拉曼卡大学

使人受到熏陶的英国牛津城市建筑环境

英国剑桥大学

5.2 中世纪的城市文化——名城与大学

CULTURE OF MEDIEVAL CITIES: FAMOUS CITIES AND UNIVERSITIES

法国的中世纪名城

11～15世纪的法国，在中世纪城市规划与艺术史发展上占据重要的地位。巴黎的克吕尼博物馆至今仍是全世界收藏中世纪艺术最大的博物馆。城市主体精神的象征，是哥特式教堂，容纳了精神的信仰与艺术的力量。

教堂和大学，同时构筑起知识体系和神学的殿堂。教堂构筑起了神学与美学的圣殿，大学支撑起文化与学识的荣光。

源自于人类信仰的精神深处，美学与神学融汇于哥特式大教堂。教堂和大学，更深切的概括提炼了思想和生命的智慧，飞拱如音乐般纯粹，穹顶拥抱星空。

人类的精神在艺术与美中收集、探寻着"发明与发现"的逻辑元素。

描绘索邦神学院医学院的版画

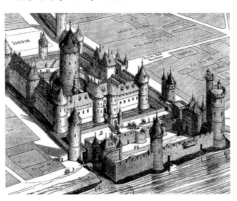

腓力二世·奥古斯都时期的卢瓦城堡（La forteresse du Louvre）

1643年乌普萨拉规划图（乌普萨拉大学城历史悠久）

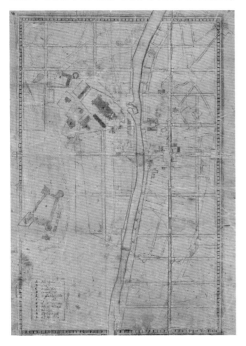

13世纪时的巴黎大学

法国的大师和建筑学家、雕刻艺术家曾经从古希腊思想中汲取精神生命，为城市文化的容器找到圣殿……使神学与美学，力学与律学，数学与逻辑学，哲学与诗学，音乐与美术在宇宙的脉搏之中与之相遇，因为这是人类内心精神信念喷涌出的壮丽协奏曲的乐章。

法国的艺术精神是最具结构性的。世界所知的最早的雕刻品出现在从大西洋到比利牛斯山脉之间的区域。圣洁的神明、日光之海、宇宙之神、海神、爱神、美神、喷泉之神、森林之神、智慧之神都在城市文化的摇篮里找到了形式之美！——所呈现的情感与智慧和感知世界的艺术形态，作为结构的整体形象而进入了精神的恒定秩序。

哥特式建筑，作为中世纪城市规划与艺术的精神象征，与大学的创建一起，构建了最为精美的精神高度。在飞拱与穹窿之间，建筑物就像神奇而玄秘的构建置于空间之中，使天光可以从各个方向穿越其中，就像圣灵飘浮在空气之中。彩绘玻璃窗折射出慈爱圣灵的光，照亮烛光暗影，让宇宙的阳光更美，照映人的虔敬信仰。视觉和空间被转换成弥撒和圣咏——精神和生命在艺术与美中永恒。

法国的城市兴起很早。从公元10世纪起，已经发展出城市规模。法国于公元888年以巴黎作为首都。巴黎是在当时塞纳河渡口的一个小岛上即"城岛"（Ile de la Cite），当时罗马城堡建在这个岛上，位置是今天的"司德岛"（即巴黎圣母院的位置），后来扩展而延伸为城市。在中世纪，巴黎几次扩大了城市的城墙。至今巴黎仍保留了许多中世纪的古老街巷，多古老狭窄而又"曲径通幽"，城市建筑多为木结构，沿街建造，至今古风犹存。公元 1180 — 1225 年，修建了鲁佛尔堡，1183 年修建了中央商场（Les Halles），位于司德岛内的巴黎圣母院工程也是在这个时期进行的。13、14 世纪在司德岛内西北部兴建了宫殿。司德岛至今仍是巴黎的心脏。

　　11 世纪末至 12 世纪是法国历史上城市迅速发展的时期。中世纪是法国城市规模迅速发展的时期。卡尔松（Caressonne）城是法国北方大城市都鲁斯入海的水陆交叉点，先后建设了教堂、宫殿府邸及城墙。13 世纪后再建一座城墙，有 60 座城楼。城市入口处有塔楼、城堡、吊桥等防御设施。城市形状为椭圆形。城市的道路系统为网状的放射形系统。城市的结构功能有了很大发展变化，形成城市的空间系统。这座城市是 13 世纪法国的典型城市。

　　圣米歇尔山城（Mont S. Michel）是法国 13 世纪重修的城堡。城市建在一座山顶上。

巴黎索邦神学院（速写，颜宝臻作）

法国卡尔松鸟瞰

法国卡尔松的城堡

法国图尔圣加蒂安主教教堂（Cathédrale Saint-Gatien de Tours） 中世纪建筑的代表——巴黎圣母院

纽伦堡

瑞士伯尔尼（伯恩）一角

位于城市顶端的主体建筑是教堂（今日成为世界文化遗产），也是城市的中心，作为现存的古典山城成为世界名胜。

法国保留了许多中世纪的城市与教堂，同时还有中世纪创建大学的史迹。

德国的中世纪名城

纽伦堡，是德国中世纪古城的杰出代表，始建于公元 1040 年。瓦格纳的歌剧《纽伦堡的名歌手》，以纽伦堡游吟诗人和萨克斯为主人公，是瓦格纳最优美的歌剧代表作之一。

纽伦堡在第二次世界大战中被炸毁，战后又恢复了部分古城面貌。吕贝克城建于 1138 年，是海上第一座商贸城市，入口处有一座古堡。吕贝克城市中心是很大的中心（约 100×240 米），四周有圣玛丽教堂、市政厅及行会。圣玛丽教堂建在城市的最高点。城市的规模、功能和轮廓都有特色，是中世纪的开阔形态城市。

德国中世纪的城市以诺林根城（Noerdlingen）最为典型。这座古城至今仍保存完好。它的建城历史可以追溯到公元 900 年。公元 1217 年，诺林根城成为独立的城市国家。诺林根城城市布局，以教堂广场为核心，并向外放射。城市的道路呈蛛网状不规则形，转折较多，而且比较古老而狭窄。教堂巍然屹立，以巨大的规模突出了市中心的地位。教堂广场是集市贸易中心和集会的地方。诺林根有完整的城墙，不仅具有防御功能，而且也是建立新的城市体系和新的空间秩序的象征。诺林根古城景色优美。城市机制和环境景观协调统一。

城市空间主要采用封闭形式，把各自分散的建筑组成丰富多姿的建筑群体。城内多纵向空间序列与自然环境统一，形成狭长高耸的空间布局。高耸云天的尖塔、角楼、城墙等都达到了完美的效果，代表了中世纪德国古城之美。

欧洲中世纪著名的历史古城还有瑞士的伯尔尼（伯恩，Berne）、比利时的布鲁日（Bruges）、荷兰的阿姆斯特丹（Amsterdam）、意大利的锡耶纳和英国的约克。

瑞士伯尔尼（伯恩）

中世纪创建的大学

中世纪的大学创建，是世界城市规划与艺术发展史上的世界奇观，也是城市文化发展史上的奇观。大学的历史溯源，起源于中世纪，以法国、英国等国家为代表。

1290 年，剑桥大学创建。剑桥大学共有 31 座学院，最古老的是圣彼得学院，建于 1284 年。基督教圣体学院建于 1352 年。亨利六世在 1441 年创建了剑桥的国王学院，整整花费 70 年的时间才建成。

牛津，世界最著名的大学城，创建于中世纪。

1167 年，牛津的首批学者——也就是牛津大学的创立者，离开法国来到这里。牛津大学是英格兰的第一所大学。牛津大学共有 36 个学院，多数创建于 13 世纪，它们簇拥着城市的中心。万灵学院创建于 1427 年，圣约翰学院建于 1437 年。默顿学院是牛津大学最古老的学院，创立于 1264 年。新学院，是牛津最豪华的学院，创建于 1379 年。牛津还有英国最好的博

牛津大学

英国牛津鸟瞰

英国剑桥三一学院的庭院

剑桥大学彼得豪斯学院的古庭院

法兰西学院

1880 年的巴黎索邦大学

物馆：阿什莫尔博物馆、牛津大学博物馆、皮特·里弗斯博物馆。

牛津博德雷图书馆创立于 1320 年。汉弗莱在 1426 年对图书馆进行了扩建。1602 年，托马斯·博德雷重新创办了博德雷图书馆。博德雷是个富有的学者。

牛津和剑桥已经成为全世界教育的金字塔，也是英国中世纪创办的世界教育史上的奇观。从牛津和剑桥的学院规模，就可知道其地位代表了世界城市文化核心——大学教育的前沿的世界高度。

法国的大学，起步要早于英国。但法国的大学建制是另外一种学术形态。巴黎大学、索邦大学是法国最早的大学。巴黎大学神学院又是资格最老的大学。大学建制最初是由神学院、法学院、语言学院、

数学院或建筑学院组成的，知识体系的构建以神学院为核心。

巴黎索邦大学（La Sorbonne）建于 13 世纪。巴黎大学的所在地索邦神学院是 1253 年创立的，以创建者索邦命名，渐渐成为神学研究中心。1469 年的巴黎大学校长从日耳曼的梅因兹带回印刷机，成立了法国第一家印刷厂。印刷起源自索邦大学。

法兰西学院（Collége de France）1530 年由弗朗索瓦一世创建，是巴黎主要的研究机构和学术机构之一，以对抗索邦大学的教条主义。巴黎索邦大学是世界上最早的大学之一，法国最高学府。

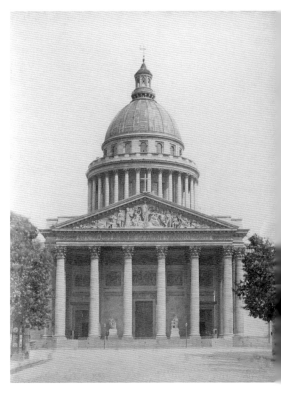

1880 年的巴黎索邦大学

5.3 城市文化的精髓—— 大学与城市规划

SPIRIT OF URBAN CULTURE: UNIVERSITIES AND URBAN PLANNING

大学建制的诞生，是城市文化发展史上的里程碑，也是城市规划与艺术史中的课题重点。因为中世纪开启了大学的时代，改变了整个文明世界认知方式及知识积累与传播的方式，影响了整个世界的文明进程。

在我们进行"城市规划与艺术"深层思考的同时，我们应高度重视信仰时代的智慧结晶——大学体系的形成。

从最早的师徒传授，到经院哲学；从雅典学院到不同的学术流派，从古希腊到现代，大学在城市文化与艺术发展中起到支撑城市文化的作用，那些历史上具有影响力的城市规划师、建筑师，许多都是出自美术学院或世界名牌大学的。柯布西耶毕业于巴黎大学美术学院，达·芬奇手稿上还有"达·芬奇学院"这样的记载。世界上最早的美术学院是佛罗伦萨美术学院，成立于 1563 年，此后"建筑艺术"与雕塑艺术被纳入美术学院教学体系。

早在古希腊，大学的模式已经存在了，只是以哲学的研究为主。拉斐尔的名作《雅典学院》画面主题就是那个时代大学的缩影。画面构图宏大，以古希腊的苏格拉底、亚里士多德、柏拉图等为主体，配置以雅典学院的学术景象，包括学术空间、学术气象、学派代表人物、学术环境与背景、学术研究细节、学术状态及神情等等。拉斐尔的名作《雅典学院》是世界美术史上表现古希腊学术气象与学院精神的不朽之作。

"几乎是在佛罗伦萨共和国出现的同时，产生了萨莱诺、博洛尼亚和巴黎的大学。"（[法]埃黎·伏尔，《艺术史》·城市，P.129）"甚至在教堂的中心，也出现了一种比教堂本身更为宗教性的精神，教堂将信条呈交到一个热忱的研究当中。"（《艺术史》·城市，P.119）从古代到中世纪的人类精神的和谐统一得以建立。欧洲在古代已有大学的组织形态，例如雅典的大学。中世纪创建的大学，最早的是意大利的萨拉尔诺大学（Salemo University）。其后继者是意大利的博洛尼亚（Bologna，波隆那）大学，前身为法学院。1158 年，由弗勒德烈一世时始授予大学之特权。有法学、哲学、神学、医学，最盛时，有 12000 人。除此之外，意大利还有巴多亚大学（Padua University）与拿波里大学（Naples University）。

法国巴黎大学是中世纪最著名的大学（1180 年）。1198 年，经路易七世公认后，得到教皇的公认。巴黎大学以神学最为著名，有文科、语言文学、医学与法学等，成为综合大学。至今，巴黎大学仍是世界最著名的大学。到 12 世纪，英国的牛津大学（Oxford）成立。13 世纪时，剑桥（Cambridge）大学建立。牛津和剑桥均仿巴黎大学而建成。至 14 世纪，德国的普拉哥（Plag）大学建立。而后相继有威因（Wein）、哈德堡（Heidelberg）、科隆大学（Köln）、欧佛特（Erfurt）大学。中世

瑞典乌普萨拉大学

瑞典斯德哥尔摩的老街

纪的大学开启了欧洲城市文化规模的新时代，注重学识与研究，进一步推进了信仰时代的精神高度。在此之后，各国大学相继建立，如法国的奥尔兰大学（Orleans）、加荷（Cahors）大学、瑞典的隆德（Lund）大学、乌普萨拉（Uppsala）大学、挪威的基利坦尼亚（Christiania）大学、丹麦的哥本哈根（Copenhagen）大学等，均建于十四世纪。到了十五世纪，德国的沃尔兹堡（Würzburg）大学、莱比锡（Leipzig）大学、罗斯托克（Rostock）大学竞相成立，欧洲各国大学教育日益隆盛发达。

时至今日，这些建于中世纪时代的大学，已经谱写了世界教育史。大学的兴建，也成为城市规划与艺术的纽带和桥梁，成为城市文化容器的核心与精髓。至今，这些大学也是人类知识与探索精神的象征，成为人类智慧的骄傲。巴黎索邦大学神学院以"传播法兰西精神最活跃的发源地"而著称。巴黎索邦大学有 13 座相对独立的大学，不仅是"欧洲大学之母"，更是法兰西崇尚科学与艺术精神的骄傲。

瑞典乌普萨拉大学

巴黎索邦神学院

拥有古老大学的拿波里

HISTORICAL CITIES OF RENAISSANCE:
MERESTONE
OF
HISTORY
OF
URBAN PLANNING
AND
ART

探巡今日古城
——文艺复兴时期的城市规划与艺术史的界碑

继探讨了中世纪的城市规划与艺术的有关内容之后,第6章"探巡今日古城——文艺复兴时期的城市规划与艺术史的界碑",聚焦于文艺复兴的发源地及重镇——意大利的佛罗伦萨及米兰,介绍这两座文化艺术名城的建筑物、城市布局以及大师巨匠的贡献,探讨其中所体现出来的城市规划与艺术的关系,同时介绍文艺复兴时期产生的城市规划蓝图——理想城市。

6.1　托斯卡纳的古城、广场与教堂规划设计中的艺术性

ARTISTIC VALUE OF THE DESIGNING OF HISTORICAL CITIES,
SQUARES AND CHURCHS IN TUSCANY

托斯卡纳是意大利中部地区的一个省，佛罗伦萨是其首府，比萨和锡耶纳等名城都在这一区域。其中，佛罗伦萨又以文艺复兴发源地而著称于世。这一地区名城文化古迹众多，许多世界文化遗产也遍布托斯卡纳地区。同时这一地区也是考察和研究城市规划与艺术最具代表性的区域。托斯卡纳以其艺术、历史和美丽的风光而闻名世界。波提切利笔下描绘了托斯卡纳人，并生动记载了这里的历史风貌。

托斯卡纳城市的广场（Piazza）

几乎所有托斯卡纳地区的城市都有一个主广场（Piazza），这就是城市聚集、艺术活动、集会的场所，也是传统的"黄昏散步"（Passeggiata）之地。广场周围有建筑群。这类建筑都有共同的特色：有钟楼、拱廊、庭院，拱廊是可以穿越的"凉廊"（遮风避雨的廊间通道），每种设计都有其独特的功能。中心区是水源——喷泉，或圣水泉（珍贵的水资源）。

（1）市政宫殿（Palazzo del Comune）——一般是设立城市博物馆（Museo Civico）和艺术画廊（Pinacotece）的场所。

（2）大教堂（Duomo），源于拉丁文"Domus Dei"（即上帝殿堂），是广场的焦点（圣灵神明的圣灵之源），精神信仰中心。

（3）宫殿（Palazzo）——城市中的高楼都可以称为宫殿，一般是以宫殿主人的姓氏来命名的，属于私人建筑。

（4）凉廊或廊柱（Loggia），拱形的长

锡耶纳广场的艺术格局

托斯卡纳的韦奇奥宫的中庭

托斯卡纳市政宫殿（韦奇奥宫）

通道。许多凉廊本为遮阳挡雨而建造的通道，而今却成为多功能通道，成为多姿多彩的购物街市。

（5）洗礼用的圣水泉（位于八角形洗礼堂内）。

（6）洗礼堂——一般是八角形建筑，位于教堂的西边，供婴儿接受洗礼之用的圣地，内有圣水泉。

（7）中庭（Cortile）——宫殿中有拱廊的庭院。其功能与作用在于，不但是由户外而进入厅堂的缓冲，同时也提供了阴凉、透气的休息之地。

（8）宽敞的教堂中殿，两侧是较狭窄的廊道。

（9）宫殿——大多数宫殿都是三层楼，中层设有公共接待室，也是主要楼层（Piana Nobile）。一层（地面层）多被用于工作间或（仓库）储存空间，如今许多一层被用于经营店铺，改作商业用途。宫殿主人住在顶层，宫殿多属私人建筑，以主人姓氏命名。

（10）徽章（Stemmae）——欧洲古城的特殊文化形态，在公共建筑物上经常可见到石刻的徽章，它们属于曾任议员或行政官员（首席执政官）的公民。

（11）井泉——城市宝贵的水资源，生命之泉。受古老的城市法律的保护，使生命水源免遭污染。

（12）侧礼拜堂——有钱的赞助者出资用精美艺术装饰他们私有的小礼拜堂，里面存留艺术珍品。有豪华的坟墓、绘画、湿壁画，用来纪念逝世的先人。

（13）钟楼——广场的最高标志。钟楼建得很高，"居高声自远，何必籍秋风"，钟楼的高度，使钟声能够传播得很远。"教堂的钟声"是欧洲城市的一道听觉风景线，动人心弦。钟楼的钟声，一般用来宣布公共集会或做弥撒、宵禁（现在的钟声有报时功能），钟声急促，就有警示作用了，城市危险来临时，用急促的钟声发布警报。

以上 13 种城市广场常见的规划格局基本上形成了托斯卡纳地区城市规划的布局结构形态。时至今日，外观仍保留原貌（但内部是有变化的，比如改作博物馆）。广场的地面铺石板或硬砂岩，这些都是在 13 ~ 16 世纪建造而成的建筑物，至今仍继续发挥原初的设计功能。

托斯卡纳的建筑与城市规划艺术

佛罗伦萨曾是意大利的首都，也是文艺复兴的发源地，是全世界最著名的历史文化名城之一。托斯卡纳的艺术财富聚积于此。

许多幸存下来的哥特式和文艺复兴时期的文物建筑，是托斯卡纳具有吸引力的原因之一。托斯卡纳地区有着完整无缺的街道和广场。如沃尔泰拉（Volterra）的优越广场、比萨的中心奇迹广场、科尔托纳的哥特式广场、佛罗伦萨的执政团广场、锡耶纳（Siena）广场等等。圣吉米那诺（San Gimignano）城、比萨、锡耶纳等仍保留历史原貌。

比萨

比萨圣保罗教堂

托斯卡纳的科尔托纳

始建于 1210 年的比萨阿诺河畔的圣保罗教堂（San Paopl a Ripa d'Arno）和卢卡教堂沿袭了古罗马式建筑风格，是卢卡（Lucca）和普契尼（Casa di Puccini）的出生地，城市规划格局完整。卢卡大教堂（San Martino），建于 11 世纪。圣米希尔教堂建于 12 ～ 13 世纪，至今这里仍保留着完美的古罗马城市面貌。圣马尔蒂诺教堂（San Martino）是卢卡最有特色的大教堂，大教堂博物馆（Museo della Cattedrale）位于其

中。卢卡古城的罗马圆形剧院（Anfiteatro Romano）使人联想到普契尼的歌剧，普契尼的歌剧几乎都是在这座城市创作的。

科尔托纳（Cortona）是托斯卡纳最古老的城市之一。Via Janelli 保存的中世纪房屋和街道，是意大利最古老的。格里博迪广场（Piazza Garibaldi）景色优美。建于 13 世纪的市政厅大厦（Palazzo Comunale）建筑风格古朴，古老的台阶记忆着古城的规划。埃特鲁斯坎学院博物馆（Museo dell'

Accademia Etrusca）是一座重要的艺术财富收藏馆，主大厅西墙上有描绘美丽女神波利尼亚的壁画，她是掌管歌唱艺术的女神。

古城阿雷佐（Arezzo），是托斯卡纳最富有的城市之一，为欧洲各地的商店生产金饰珠宝。瓦萨里故居就在这座古城。圣弗朗西斯科教堂建于十三世纪，里面是皮耶罗·德拉·弗朗西斯卡的壁画作品《圣十字架的传奇》，这是意大利最伟大的壁画故事系列之一，在世界壁画史上占据重

依艺术原则构建的托斯卡纳

阿雷佐的广场之艺术感

托斯卡纳的波比城堡（Castello di Poppi）与但丁像

阿雷佐的瓦萨里博物馆

托斯卡纳的波比城堡（Castello di Poppi）

要位置。圣母玛丽亚钟楼建于 1330 年。"大广场"（Piazza Grande）部分建筑建于 1377 年，广场钟塔楼建于 1552 年，广场北面是瓦萨里 1573 年设计的连环拱廊。

比萨，是意大利最早活跃着建筑师和雕刻师的地方。所有的艺术家都自称既是建筑家、雕刻家，又是画家，却又很少有人三者兼顾。1063 年比萨大教堂落成，1350 年比萨斜塔落成，薄伽丘开始撰写《十日谈》（Decameron）。

这一区域遍布现存的中世纪古城。仅择其要列举如下：波比城堡（Castello di Poppi）、罗美娜城堡（Castello di Romena）、帕拉奇奥古堡（Castelo di Palagio）、波西亚诺古堡（Castello di Porciano）、比别纳（Bibbiena）、弗纳（La Verna）、圣塞波尔克罗 [San Sepolcro，米开朗琪罗（Caprese Michelangelo）于 1475 年 3 月 6 日出生在这里]、安哥西亚里（Anghiari）等，都保留着昔日的古城风貌。

佛罗伦萨鸟瞰

佛罗伦萨圣母百花大教堂
（Cattedrale di Santa Maria del Fiore）的雕塑

6.2　佛罗伦萨——文艺复兴的发源地

FLORENCE: THE CRADLE OF RENAISSANCE

艺术巨匠构建的文艺复兴之城

佛罗伦萨是文艺复兴的发源地，以其艺术、历史和美丽的城市建筑而闻名于世界。

文艺复兴自 15 世纪以来，影响遍及全欧洲，发源于佛罗伦萨。文艺复兴的赞助者是些很有文化的富翁。他们有很高的艺术鉴赏力，把财富投入艺术。梅迪奇（Medici）家族赞助了文艺复兴。在梅迪奇家族的领导下，佛罗伦萨度过了安定、繁荣的时期。富有的银行家和商人纷纷投资兴建豪宅，出资赞助教堂的艺术，结果令建筑和艺术突飞猛进，城市规划与艺术的时代来临。

公元前 59 年，佛罗伦萨建造。作为托斯卡纳大公爵，梅迪奇和他的家族不仅倡导并赞助了文艺复兴，还资助过伽利略（Galileo）等许多卓越的科学家和工程师。

瓦萨里 1573 年设计了阿雷佐的广场的连环拱廊，桑加洛设计了城堡。阿雷佐的大教堂（Duomo）始建于 1278 年，是一座规模宏大的建筑，其中有皮耶罗·德拉·弗朗西斯卡绘制的《圣母玛丽亚》精美绘画。

建筑规划大师瓦萨里故居（Casa del Vasari）就在阿雷佐。瓦萨里 1540 年为自己修建了这所房子，并用同时代的艺术家、朋友和老师们的肖像来装饰天花板和墙壁，还画了一幅瓦萨里自己探身窗外的自画像。瓦萨里是一位多产的画家和建筑师。他所著的《最杰出的画家、雕刻家和建筑

梅迪奇像

米开朗琪罗：《大卫》

师们的生平》（1530 年）一书，记载了珍贵的史料，是研究文艺复兴时期城市规划与艺术的历史文献依据。这本书具有权威性，使他更具盛名。托斯卡纳是米开朗琪罗的故乡，米开朗琪罗于 1475 年3 月 6 日出生在卡布热支。当时他的父亲身兼市长及警察局长之职。他的出生地现在是米开朗琪罗国家博物馆（Comune Casa Natale Michelangelo）。米开朗琪罗这位巴洛克城市规划之父，把他敏锐的艺术思想归功于他一出生就呼吸到的山间清新的空气。

约 1025 ~ 1030 年，阿雷佐的圭多（Gudo d Arezzo）发明了一种音乐记谱的方法。1252 年铸造了首枚佛罗伦萨金币（Florin），1278 年比萨的圣广场（Campo Santo）落成，1302 年但丁开始撰写《神曲》（The Divine Comedy），佛罗伦萨有但丁故居。

在城市规划方面，佛罗伦萨的韦奇奥桥（Ponte Vecchio）是佛罗伦萨最古老的桥，可以见证佛罗伦萨城市规划与艺术的发展史历程。1401 年佛罗伦萨开展洗礼堂大门艺术设计大赛。洛伦佐·吉贝尔蒂（Lorenzo Ghiberti）于 1401 年受委派建造洗礼堂大门，他是在一项由七名杰出艺术家参与的竞赛中获胜而当选的。参赛者中有唐纳太罗和布鲁内莱斯基等。城市规划与艺术设计方案竞赛在佛罗伦萨兴起了。可能这也是首次设计方案大赛的文献记载。起源于 1401 年的佛罗伦萨。吉贝尔蒂花费 21 年的时间完成了北门艺术工程之后，又于 1424 ~ 1452 年制作了东门的艺术品。

佛罗伦萨鸟瞰

佛罗伦萨圣若望洗礼堂

米开朗琪罗将其命名为《天堂之门》，吉贝尔蒂所制作的获胜竞赛镶板今藏于大教堂博物馆内。东门共 10 幅金制镶嵌浮雕，10 幅创作花费 21 年。这也是佛罗伦萨城市规划与艺术史上有文献记载并有真迹可考的规划艺术经典。

1425～1427 年，马萨乔（Masaccio）在佛罗伦萨卡米内的圣母玛丽亚教堂绘制的湿壁画《圣彼得的生平》闻名于世。这幅在世界壁画艺术史上占据重要地位的湿壁画，大约在 1424 年由佛罗伦萨的商人布兰卡奇（Brancacci）委托制作。马萨乔是马索利诺（Masolino）的学生，绘制的壁画规模宏大，三面墙共创作绘制 12 个

佛罗伦萨韦奇奥桥

画面主题。值得注意的是第八幅湿壁画中，圣彼得的背景是佛罗伦萨的建筑物。

这幅伟大的湿壁画作品是 1425 年由马萨乔的老师开始绘制的，由马萨乔接手继续绘制，后来作品未完成，马萨乔就去世了。50 年后的 1480 年，利比（Filippino Lippi）终于接着完成了作品。马萨乔采用透视法和悲剧的写实手法使他成为文艺复兴时期绘画的先锋。

列奥纳多·达·芬奇（Leonardo da Vinci，1452－1519 年）出生在比萨。安奇亚诺的列奥纳多之家现为达·芬奇故居博物馆。达·芬奇的主要艺术活动在佛罗伦萨。他是将艺术与科学完美融汇而推进城市规划

圣约翰洗礼堂的"天堂之门"（吉贝尔蒂设计）

的空间序列的伟大艺术家。达·芬奇的理论与实践记载在他的笔记和手稿中。

托斯卡纳和佛罗伦萨艺术家年表和大事记，是系统研究佛罗伦萨城市规划与艺术的文献。这一文献其中记载着：

1245 — 1315 年 乔万尼·皮萨诺；

1260 — 1319 年 杜奇奥·迪·博宁

达·芬奇自画像

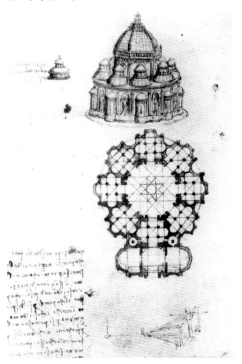

达·芬奇设计手稿

谢那；

1267 — 1337 年 乔托；

1270 — 1348 年 安德烈亚·皮萨诺；

1223 — 1284 年 尼科拉·皮萨诺；

1240 — 1302 年 契马布埃；

1245 — 1302 年 阿尔诺·弗·迪·坎比欧；

1283 — 1344 年 马蒂尼；

1319 — 1347 年 洛伦采蒂；

1374 — 1438 年 德拉·奎里奇亚；

1377 — 1455 年 布鲁内莱斯基；

1378 — 1455 年 吉贝尔蒂；

1386 — 1460 年 唐纳泰罗；

1397 — 1475 年 乌切罗；

1396 — 1472 年 米开洛佐；

约 1395 — 1455 年 安哲里柯；

1400 — 1482 年 卢卡·德拉·罗比亚；

1401 — 1428 年 马萨乔；

1406 — 1469 年 菲力普·利比；

1410 — 1492 年 皮耶罗·德拉·弗朗西斯卡；

1421 — 1497 年 哥佐利；

1435 — 1488 年 韦罗基奥；

1445 — 1488 年 波提切利；

1477 — 1549 年 索多马；

1475 — 1564 年 米开朗琪罗；

1494 — 1556 年 蓬莫托；

1483 — 1520 年 拉斐尔；

1486 — 1531 年 萨托；

1511 — 1592 年 阿曼纳蒂；

1452 — 1519 年 列奥纳多·达·芬奇；

1524 — 1608 年 詹博洛尼亚；

1511 — 1574 年 瓦萨里；

1503 — 1572 年 布隆齐诺；

1500 — 1571 年 切利尼；

1495 — 1540 年 罗索·费伦提诺。

人类艺术史将永远铭记这些伟大艺术家对佛罗伦萨城市规划与艺术发展乃至对世界艺术史、城市规划史的不朽贡献。他们铸造了壁画、雕刻、建筑与城市规划建设的不朽丰碑与乐章。

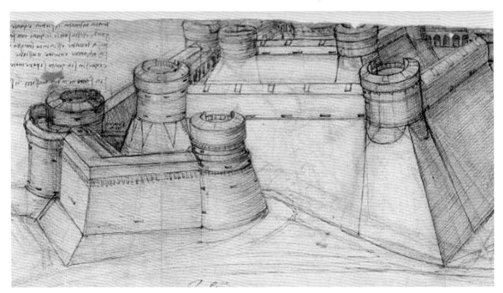

达·芬奇设计的城堡

文艺复兴名人

安吉利柯,《圣母领报》

绘画与雕刻塑造规划空间

佛罗伦萨是"透视法"的发源地,透视法的创建与发明,给城市规划与艺术带来空间与艺术科学思维的新视角,进一步

推动了城市规划向科学与艺术的空间建构发展。

托斯卡纳画派,在透视学发明的基础之上发展了湿壁画的精神空间与艺术容量。

安吉利柯(Angelico)修士,精力充沛的建筑师,将乔托的结构技巧移入到古典主义。他把反差对比变成清澈透明的层次,为画面增加传奇色彩,把殉道故事描绘得像童话,总是比故事原貌更温情,天堂、竖琴、小提琴、金色小号,幸福的天使的羽翼在泉水树林、纯净风景中起舞。安吉

波提切利名作中描绘的
城市建筑空间

利柯没忘记去描绘佛罗伦萨神奇的风景。他把佛罗伦萨描绘成圣经故事的背景。安吉利柯太过单纯,在绘制壁画中才能发现乐趣所在。他把圣经故事画成天真精美的童话。《圣母领报》(1426年)中的圣母具有纯洁神秘的美感,被描绘成清纯圣洁的美人。在安吉利柯的绘画里才出现了圣洁的纯真。圣母需要有人引导着才能走入凡尘。乔托则把壁画变得柔情万分。他用绘画打开教堂的大门,看着女人们走进来,教堂的水晶钟声散发着玫瑰的芬芳,使人的全身心都得到了美的净化。

马萨乔这位天才人物，在 27 岁时神秘地死去，但他是开启文艺复兴绘画时代的人。在卡米纳的圣玛利教堂的墙壁上，他创作了伊甸园中在天使注视下的男人和女人。这幅壁画成了文艺复兴的导火索。因为他心里很清楚，文艺复兴是要寻找全新的外形，寻找人性的荣光和失落的生活节奏。马萨乔重释了绘画。在这座教堂中，拉斐尔、达·芬奇、西诺莱利、米开朗琪罗都获得了启迪。

佛罗伦萨涌现了一大批建筑师。布鲁内莱斯基在石板路上盖起座座坚固的长方形宫殿，高大、裸露，与精雕细琢的教堂形成对比。从 13 世纪开始，绘画成了意大利民族特质的最佳代表。锡耶纳的哥特派、乔托、契马布埃专于祭坛画和壁画。意大利展示馆给世界最多的就是绘画艺术。教堂和权贵们的宫殿里的巨幅高墙，成为寄托艺术家创作激情的舞台。壁画创作因借鉴了佛罗伦萨画派的透视法，运用透明的色调和轮廓，被托斯卡纳一带的画家视为最自然的表现形式。中世纪的大师们，契马布埃、乔托、杜乔、西蒙·马尔蒂尼、加蒂家族、洛伦泽蒂家族、奥尔卡尼等，除了湿壁画都没尝试过其他，可称作壁画的时代。

文艺复兴时期，安吉列柯主要创作壁画，马萨乔在其中加入个人风格。米开朗琪罗借助壁画艺术的力量震撼世界。壁画艺术是依托城市规划建筑空间的，壁画艺术是艺术家与建筑师共同创作的结晶。为了让潮湿的砂浆能够固定住颜料色层，使其在变硬的同时凝固在墙上且不出现裂纹，要求画家控制"材料的时间"以保持一种沉稳浅暗的灰泥色调美感。壁画就是要在坚硬的材质上驻留下艺术美感的一瞬间，既要厚重透明，更要持久永恒。壁画与建筑合成为时空的永恒。

佛罗伦萨新圣母大殿

安德烈·德·卡斯塔尼奥、菲力波·利皮·乌切洛、吉兰达约、卢伊等都是意大利壁画史上的杰出画家。吉兰达约是达·芬奇的老师。

雕刻家虽然也依托城市规划与艺术，却与画家不同，意欲从古代作品中汲取灵感。尼科拉·皮萨诺就是活在古代圣像的世界中的，他的后辈，如乔瓦尼、南尼·迪·班柯、雅各布·德拉·奎尔奇亚、多纳泰罗、吉尔贝蒂等，他们没有忘记，一千多年前这片大地上就已经出现了大理石搭建的城市。

壁画依附于建筑，建筑是空间的载体。雕塑由于它起源于建筑，又难与建筑分离，本身就是建筑的一部分。雕塑艺术家像古罗马时期的先辈一样，雕刻艺术兼具了古希腊之形与古罗马拉丁之神。浮雕则是借助了绘画与雕刻二者的力量，支撑起城市规划与艺术的空间。

佛罗伦萨就是从艺术中建立起来的城市，至今仍然屹立于艺术史中，象征着艺术与城市。多纳泰罗富有生命力的雕塑，是佛罗伦萨建筑的灵魂，在佛罗伦萨是前无古人、后无来者的。金匠吉尔贝蒂雕

伽利略像与米凯利（意大利植物学家）像

乔托像

"天堂之门"（局部）

吉贝尔蒂"天堂之门"（局部）

布鲁内莱斯基墓上的浮雕像

1490 年的佛罗伦萨

布鲁内莱斯基设计的圣母百花大教堂圆顶

佛罗伦萨的城市雕塑

刻了"天堂之门",多纳泰罗的《唱诗席》成为佛罗伦萨的经典。卢卡·德拉·罗比亚的雕刻《儿童唱诗班》(佛罗伦萨大教堂圣坛浮雕)已经与圣灵和神灵融汇而成艺术的永恒。

博学知识体系上的艺术创作激情

佛罗伦萨戏剧化而又真实的生活赋予艺术家无穷的创作激情。城市与建筑,绘画与雕刻,城市规划与艺术共同组成这座艺术名城的世界高度。

博学的画师乌切洛夜以继日研究绘画所承载的学问和技术。乌切洛的充沛精力感染了从皮耶罗·德拉·弗朗切斯卡、西诺莱利到米开朗琪罗的一批艺术家,从而推动了文艺复兴荣誉的到来。佛罗伦萨派的精确技法承载了城市规划与艺术的理想与实践,展露了他们无限的潜能,挖掘出他们自己不曾认识的自身价值。

亚美利哥·维斯普奇（意大利航海家、制图者，美洲依其名字而命名）

尼科拉·皮萨诺（意大利文艺复兴时期著名雕刻家）

手持规划图的阿尔伯蒂

阿尔伯蒂《论建筑》1550年佛罗伦萨版的封面

莱昂·巴蒂斯塔·阿尔伯蒂身兼建筑家、画家、几何学家、工程师、剧作家、诗人、拉丁语学者、神学家等数职于一身。他对城市规划与艺术的思维和见解，收录在他的名著中。全能的大师布鲁内莱斯基（Brunelleschi）设计、建造了佛罗伦萨的象征——佛罗伦萨大教堂的圆形穹顶。布鲁内莱斯基的创举，在于不使用架梁而能够建造当时最大的圆顶。从圆顶可以俯瞰全城景色。不同尺寸的砖石以具有自撑功能的人字形方法镶嵌，这是模仿万神庙（Panthean）而采用的空间技术。他先后师承多纳泰罗马萨乔、乌切洛等，第一个真正的创立了线条透视法，方便了其后继者在几何草图的基础上能加深画面的真实效果。

琴尼诺·琴尼尼、阿尔伯蒂、吉尔贝蒂、巴奥洛·乌切洛、皮耶罗·德拉·弗朗切斯卡、列奥纳多·达·芬奇、切里尼、瓦萨里等都曾就建筑学、雕刻、绘画、壁画、远景画、金银饰制造、解剖学、透视学、机械、动力学等写过教学论著和专业研究的著述。甚至在一些精密学科如自然、数学、几何、水利、天文、原子、地理、医学、音乐等学科上，也有很高的建树，在知识系统化方面为城市规划与艺术奠定了博学的基础。

艺术家甚至会解剖尸体以研究人体的构造与运动机能。拉斐尔、提香、米开朗琪罗等大师则把艺术成就建立在科学体系的汇聚点上，在科学与艺术体系的制高点上从事艺术创作与规划。在建筑上应用动力理论，将图形画面分割于三角形或圆中，巧妙处理空间层次关系，在草图、规划图空间定位时，应用透视学把握视觉空间的定向与定位标准尺度。

布鲁内莱斯基

佛罗伦萨的综合艺术成就，要归功于乌切洛、皮耶罗·德拉·弗朗切斯卡、曼塔尼亚、达·芬奇等透视画法画家。菲力波·利皮、波莱沃奥尔、波提切利等抒情画法的画家，以及奎尔奇亚、马萨乔、多纳泰罗等注重寓意的画师等在各自艺术优势和特长方面所做的努力。至于壁画、建筑、雕刻和城市规划的重大项目，艺术家们都投入巨大精力，有的规划建造的工程未完，艺术家已经安然离去，他们的后继者仍持续着规划工程的艺术效果。也有的"云游画家"不断地在行走中发挥天才，因为有更丰厚的薪金，或更具挑战的舞台。他们的自信有无穷的能量，对未来工作的向往成了他们不停工作的动力。每个人都认为自己创作的是最美的作品，因为不断的努力想创作出更好的作品，在这样一个时代，面临激烈的竞争。

哥佐利《东方三贤来朝拜》

哥佐利《圣弗朗西斯生活场景》（Scenes from the Life of St Francis，第 3 幅）

哥佐利（1459 — 1460 年）为佛罗伦萨梅迪奇·里卡迪宫礼拜堂壁画《东方三贤来朝拜》就有画面与空间的重大突破，场面宏大，构图完美。他是佛罗伦萨的色彩大师，是第一个创作大幅装饰画的大师，还是擅长将基点控制在建筑线内形成简约美的大师。

达·芬奇这位文艺复兴时代的震惊世界的人，促进了艺术科学的发展。在他看来，绘画和雕塑艺术不过是他在科学研究中遇到的抽象概念的形象体现。在几何学、透视法、机械学、地质学、水利学、解剖学、植物学等领域，实验与艺术创作是同等重要的。

达·芬奇认为，形象不过是现实中更高精神领域的象征。在达·芬奇手中，形体所描绘的是心理曲线。他的画是个谜，人类文化之谜。他的线条深达内心。

佛罗伦萨的其他艺术建筑

在佛罗伦萨城市规划与艺术领域，举世闻名的佛罗伦萨大教堂，也是佛罗伦萨的象征。

圣十字教堂（Santa Croce，1249 年），宏伟的哥特式建筑内是许多佛罗伦萨名人的墓地，包括米开朗琪罗和伽利略等。米开朗琪罗为自己的墓地所设计的皮耶塔图从未完成。这座融绘画、建筑和雕像于一体的纪念碑是瓦萨里（Vasari），在 1570 年设计完成。

佛罗伦萨美术学院（Galleria dell'Accademia）成立于 1563 年，是全世界第一所美术学院，米开朗琪罗任名誉院长。从 1873 年起，学院收集了许多米开朗琪罗的作品，其中最著名的是《大卫》雕像（1504 年创作，米开朗琪罗 29 岁时创作了大卫像）。

执政团广场是座很特别的室外雕塑艺术长廊。从 14 世纪以来，它与韦基尼奥宫一直是佛罗伦萨的政治中心。会议厅建于 1495 年，内有瓦萨里创作的湿壁画，画面内容以佛罗伦萨的历史为主。

佛罗伦萨美术学院

乌菲齐美术馆建于 1560 — 1580 年，建筑师为瓦萨里。从 1581 年起，就是梅迪奇家族艺术藏品场所，是世界上最古老的美术馆，是全世界最重要的美术博物馆。

佛罗伦萨是文物建筑、名胜紧凑的城市，适宜步行。梅迪奇里卡尔迪宫（Palazzo Medici Riccardi），从 1444 年起梅迪奇家族开始在此居住 100 年之久。圣洛伦佐教堂（San Lorenzo）是梅迪奇家族的教区教堂。1419 年，布鲁内莱斯基将教堂正面改建为文艺复兴式的古典风格。1520 年，米开朗琪罗主持建造了新圣器收藏室内的梅迪奇石棺，1524 年米开朗琪罗还设计了梅迪奇——洛伦佐图书馆（Biblioteca Mediceo Laurenziana）以存放梅迪奇家族的抄本收藏品。梅迪奇家族赞助、资助了文艺复兴，是举世闻名的艺术赞助者，他们的贡献被记载在文艺复兴历史上。

完美的精神结构造就城市的辉煌

佛罗伦萨之所以成为文艺复兴的发源地，是由于佛罗伦萨的文化历史资源和艺术容量，是"作为一种艺术工作的国家。"（[瑞士]雅各布·布克哈特著，《意大利文艺复兴时期的文化》，P.21）"佛罗伦萨在当时是人类的个性发展得最为丰富多彩的地方。"（《意大利文艺复兴时期的文化》，P.32）但丁曾经写过一本关于佛罗伦萨的小册子《给世界上的伟大人物》。在早期，意大利的城市已显示出它们有把城市转变为国家的力量。威尼斯从一开始就承认它自己是一个奇怪而神秘的产物，一种高出于人类天才的力量的成果。雅各布·布哈克特（Jacob Burckhardt，1818 — 1897 年）在研究文艺复兴发源地时写道："最高尚的政治思想和人类文化最多的发展形式在佛罗伦萨的历史上结合在一起了，而在这个意义上，它称得起是世界上第一个近代国家"。（《意大利文艺复兴时期的文化》，P.73）"那种既是尖锐批判同时又是艺术创造的美好的佛罗伦萨精神，不断地在改变着这个国家社会和政治面貌……但也像威尼斯一样成了统计科学的策源地，而且盖世无双，成了具有近代意义的历史写作的策源地。"（《意大利文艺复兴时期的文化》，P.72）

拉斐尔像

拉斐尔研究罗马建筑圆顶的绘画手稿

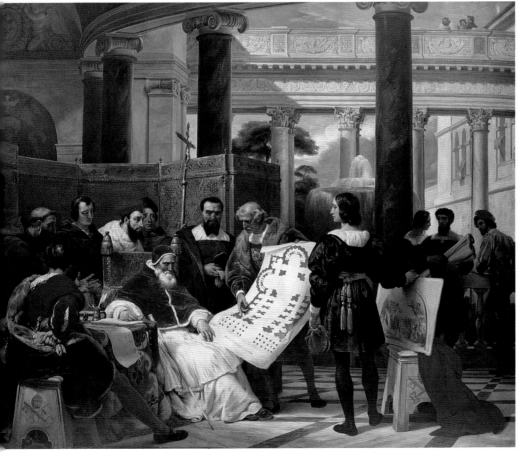

艺术家在给君主呈示设计图纸

佛罗伦萨圣弥额尔（Orsanmichele）教堂

圣弥额尔教堂的精美雕塑

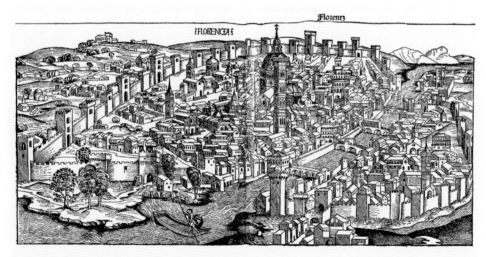

1493 年的佛罗伦萨（手绘图）

瓦萨里设计的佛罗伦萨乌菲齐宫（颜宝臻作）

　　诞生于佛罗伦萨的但丁，以充满诗意的思维撰写了《神曲》，然而他的思想远及意大利和整个世界，这自然是沿着亚里士多德的足迹，但他却有他自己独立的方式。但丁那种艺术沉思照亮了文艺复兴人文之路。

　　在 16 世纪的前半叶，世界上大概没有一个国家有像瓦尔奇描写佛罗伦萨那样辉煌的著作。在此之前，马基雅维里在他的《佛罗伦萨史》（到 1492 年为止）中，把他的出生城市描写为一个活的有机体，把它（佛罗伦萨）的发展描写为是一个自然而独特的过程；他是近代人中第一个具有这种观念的人（《意大利文艺复兴时期的文化》，P.81）。

　　佛罗伦萨代表了那个时代城市文化的高度。佛罗伦萨的精神，也象征那个时代文化艺术精神的高度。"佛罗伦萨人一般是意大利人和近代欧洲人的榜样和最早的典型。"（雅各布·布克哈特）

　　雅各布·布哈克特出生于瑞士西北部莱茵河上的巴塞尔城。他的传世名著有《绘画手册》《文艺复兴时代的艺术》《意大利文艺复兴时期的文化》《意大利艺术宝库指南》。1860 年出版了他最著名的著作《意大利文艺复兴时期的文化》，该书是用德文写成的，原名为 "Die Kultur der Renaissance in Italien：Ein Versuch"。他把自 13

佛罗伦萨鸟瞰

文艺复兴发源地佛罗伦萨

世纪后期到 16 世纪中期意大利 300 年间的文化发展分成六个方面：第一篇《作为一种艺术工作的国家》、第二篇《个人的发展》（个人的完美化）、第三篇《古典文化的复兴》、第四篇《世界的发现和人的发现》、第五篇《社交与节日庆典》、第六篇《道德和宗教》。这部著作超越了他所处的时代，特别是从艺术本体上承认"个人的完美化"，是推动时代艺术发展的观点。雅各布·布哈克特列举了达·芬奇的先驱者莱昂·巴蒂斯塔·阿尔伯蒂（1404—1472 年）在城市规划与艺术方面的天才。他在《个人的发展》第二章《个人的完美化》中提出："一个目光敏锐和有观察经验的人可能看到十五世纪期间完美的人在数目上逐步的在增加，求得他们的精神生活和物质生活的和谐发展……当这种对于最高的个人发展的推动力量和一种坚强有力、丰富多彩并已掌握当时一切文化要素的特性结合起来时，于是就产生了意大利所独有的'多才多艺的人'——'l'uomo universal'（全才）。……在意大利，在文艺

复兴时期，我们看到了许多艺术家，他们在每一领域里都创造了新的完美的作品，并且他们作为人，也给人们留下最深刻的印象。还有的人，除了他们所从事的艺术以外，还对广泛的心智学术问题有钻研。"（《意大利文艺复兴时期的文化》，P.131）雅各布·布哈克特认为这些多才多艺的人有"完整无瑕的精神结构"。他论述但丁"在整个精神或物质的世界中，几乎没有一个重要的主题没有经过这个诗人的探测，也没有一句话不是他那个时代的最有分量的语言，在造型艺术上，他也是第一流的人物。"雅各布概括了文艺复兴天才人物的艺术，是艺术家自己"成为灵感的源泉"。这种观点超越了他的时代。

15 世纪是文艺复兴时代，特别是一个多才多艺的人的时代。雅各布列举了达·芬奇的先驱者——阿尔伯蒂，并且强调了阿尔伯蒂在建筑史上的重要性。阿尔伯蒂学习音乐没有音乐老师，可是他的作曲却得到了专门家的称赞。他研究物理学和数学，学习了绘画和造型艺术，特别长于根据记

忆来刻画描绘，达到逼真效果。他的神秘的"暗箱"受到极大的赞赏。他认为每一种合于美的法则的人类成就，都是近于神圣的东西。他的著作《论建筑》至今仍是城市规划与艺术的权威论著。"他的写作，首先是那些艺术方面的，这些作品是'艺术形式文艺复兴'的里程碑和第一流的权威著作。"（雅各布，《个人的发展》，P.134）

"列奥纳多·达·芬奇和阿尔伯蒂相比，就像完成者和创始者，专长的大师和业余爱好者相比一样。如果瓦萨里的著作能够附有像这里关于阿尔伯蒂一样的，那有多好啊。我们永远只能可望而不可即地看到列奥纳多（达·芬奇）伟大人格的模模糊糊的轮廓。"（雅各布，《近代声誉的概念》，P.135）。雅各布高度赞赏阿尔伯蒂的人格：他的言论，严肃而机智。他的天才来自他"天性中最深邃的源泉"，一个铁一般的意志浸透着和支持着他的整个人格；像文艺复兴时期的所有伟大人物一样，他说："人们能够完成他们想做的一切事情。"（《意大利文艺复兴时期的文化》，P.135）

6.3　米兰——文艺复兴的重镇

MILAN: A REPRESENTATIVE CITY OF RENAISSANCE

米兰斯卡拉广场（Piazza della Scala）的达·芬奇纪念雕像

米兰在文艺复兴中的重要地位

　　随着中世纪之后欧洲的封建体制逐渐走向成熟，欧洲的文化迎来了继续发展壮大的时期，进入 15 世纪之后，欧洲的文化迎来了飞跃式大发展的时代——文艺复兴的文化艺术，开始呈现出百花齐放的态势。将这一场文化复兴现象，最初命名为"Renaissance"（再生之意）的，是历史学家儒勒·米什莱（Michelet Jules，1798 — 1874年）。1860 年，雅各布·布哈克特出版了《意大利文艺复兴时期的文化》一书，书中将文艺复兴定义为：通过古代文化艺术的复苏，对人类和世界进行再发现，此定义一出即吸引了世界各国对此的关注，文艺复兴这一个词语也就带有了古代复兴、近代诞生这样的一种语义。文艺复兴发源地是佛罗伦萨，在意大利各个城市的人文主义精神的环境下得以塑成。

　　意大利对于文艺复兴的意义是非同寻常的，不仅是文艺复兴的发源地，而且许多城市都是文艺复兴的重要的舞台。15世纪时，意大利以若干"城市共和国"（city states）的形式存在，除了佛罗伦萨以外，位于意大利北部的威尼斯、米兰、热那亚、博洛尼亚等其他的许多城市，也竞相的在文化艺术方面谋求繁荣和发展，也成为意大利文艺复兴的主要城市。这种"城市共和国"为主的政体格局，是意大利同其他欧洲国家的显著不同之处。一些学者认为，正是这些共和制的城邦国家的相对独立性和自主性，使得城市的经济、商业和知识得到发达，从而为文艺复兴的产生和发展奠定提供了基础。

文艺复兴是倡导科学精神、艺术精神融入城市规划的，是以城市为依托的，城市的繁荣丰裕的物质条件、经济、社会条件和人才、艺术、知识、科学等要素的聚集，为文艺复兴思想的传播与实践，提供了必要条件。文艺复兴离不开城市。文艺复兴的成果，或是艺术创作，或是城市规划、建筑设计，或是文学和思想的创作，或是社会的变革，或是对民众生活方式的影响，都是离不开城市的，需要城市的精英阶层的支持，文艺复兴也是人文精神的复兴。

在意大利的城市中，米兰对于文艺复兴的重要意义，仅次于佛罗伦萨、威尼斯等城市。文艺复兴时的米兰具有强盛的城市实力，城市发展壮大，处于欧洲的领先地位。发展规模壮大的城市，具有容纳更多人才的机会。在城市规划与艺术方面，米兰是文艺复兴的重镇。达·芬奇在米兰从事了 26 年的艺术和城市规划活动，并且创作了美术史上的不朽作品《最后的晚餐》（共创作了五年时间），现存放于米兰的教堂。

君主在阅览规划设计图

达·芬奇名作《最后的晚餐》

达·芬奇手稿中体现出的城市的光与影

达·芬奇的立体结构的设计手稿

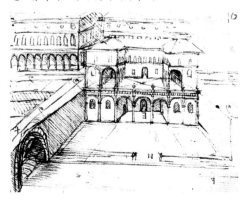

米兰

达·芬奇的凹槽结构的设计手稿

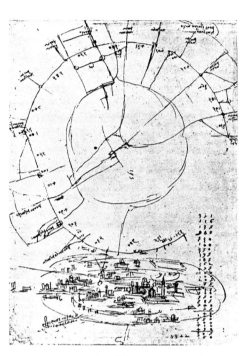

达·芬奇绘制的米兰的城市速写

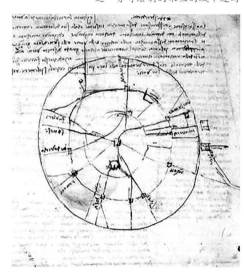

达·芬奇绘制的米兰平面图

米兰的城市精神、空气环境、人文气息，滋养了文艺复兴时期的城市规划与艺术活动。米兰具有开放的文化视野，更易接受其他城市的文化辐射扩散（比如邻近的佛罗伦萨），而且其庞大的规模、繁荣的发展，也使它更加受到人们的关注，也就为文艺复兴的"再生"、"更新"的思想提供了用武之地。因此，无论是从市民阶层，还是精英人才阶层的角度来说，都具有十分巨大的吸引力。难怪达·芬奇在米兰居住、从事工作达十几年，前后两次来到米兰，对艺术和科学进行了深入、系统的研究，撰写了举世闻名的《哈默手稿》，而且为米兰的城市现状提出了很多见解和方案。

米兰自中世纪以来，人口就达到了20万人，这在当时的全欧洲的名城内也属于少见的大城市，超过了威尼斯和佛罗伦萨。米兰的城市面积，在15世纪的城墙内达到了580公顷，远远超过了巴黎、佛罗伦萨的面积。米兰公国统治着意大利半岛的北部地区，而北部地区正是文艺复兴晚期的重要代表地区。米兰没有遭受战乱的严重破坏，曾经是西罗马帝国的首都，实力强劲的家族支撑着米兰的发展。

总之，米兰与佛罗伦萨、威尼斯一样，在文艺复兴时期具有非常重要的地位。

达·芬奇对米兰城的贡献

达·芬奇使米兰这座城市的设计和美学赢得了很大的声誉，达·芬奇与米兰的联系，比他与其他意大利城市的联系更加密切。米兰的达·芬奇雕像，记载了这位全才对于米兰的贡献——作为绘画家、雕刻家、音乐家、科学家、建筑家、工程师……

一、对米兰的城市勘察与地图绘制

达·芬奇擅长地图学、制图学，他在米兰期间，受委托，曾从事在多个地区实地考察与调研的工作，亲手绘制出了城市的地图。他绘制的米兰平面图，显示出米兰的城市基本格局、重要纪念碑之间的空间关系。在平面图的基础上，他创造性的画出已建成的米兰三维视图，这在当时是一个创举。

二、对米兰的城市规划

达·芬奇认为，正是由于米兰的城市拥挤导致了瘟疫，他为此提出了"理想城米兰"的规划构想。

达·芬奇画了一座充满阳光和空气的新城市设计图稿。这个城市还有立体公路，

下层公路作为行车运货用，上层公路留给绅士们专用。

达·芬奇的城市规划构想显著的特点是与水系有密切关系，他认为房屋选址应多沿河流，每个广场都应设有喷泉，强调立体的、多层次的空间。他常设计出拱形走廊、下沉街道、高低错落的双层街道，将人流、船舶、货运等交通动线都进行了合理的组织。

达·芬奇的城市规划构想，还特别注

米兰夕照

米兰大教堂建筑之艺术感

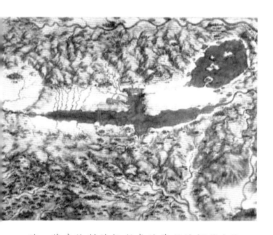

达·芬奇绘制的托斯卡纳基亚纳河谷（Chiana Valley）的地图

意了阳光与清洁度。他为住房留出门面，为街道留出上层开口，来获取足够的光源。他为街道留出交叉口来排雨水和污水。他设计的街道，宽度与住房是相等的。

三、对米兰的运河设计

达·芬奇曾经作为水文工程师重新设计了米兰的整个运河系统，米兰在20世纪20年代之前一直都是意大利的主要港口之一，城市中的运河体系连通地中海。

达·芬奇对米兰的运河体系的规划设计做出了巨大的贡献，堪称是米兰城的一位规划师。1482年达·芬奇来到米兰之后，斯福尔扎家族委托其研究一套令科摩湖与米兰之间能够通航的系统。达·芬奇设计

了潟湖系统，解决了高差问题，此后米兰逐渐成为水运主导的城市。达·芬奇的一些设计草图，现存于米兰的纳维里博物馆（Navigli Museum）。

6.4 文艺复兴时期的理想城市模型
"IDEAL CITY" IN RENAISSANCE

艺术巨匠眼中的理想城市

文艺复兴时期涌现出了一大批的艺术家、建筑家。许多艺术家以建筑师的身份描绘或参与到城市规划、建筑设计中。这一时期的杰出代表，如达·芬奇、米开朗琪罗、丢勒、阿尔伯蒂等。

达·芬奇是文艺复兴时期最为典型、取得成就最大的代表人物，"文艺复兴三杰"之一。他在美术、建筑、生物、军事、数学、工程等多个方面都做出了贡献，是文艺复兴时期典型的艺术家。

达·芬奇对理想城市的贡献在于作品《理想中的米兰》。在他的故乡米兰遭受瘟疫肆虐过后，他的理想城市构想形成。理想中的米兰，完美的整合了运河体系（既作为通商往来也作为排水沟渠），街道宽达12米，城市中充满了精致典雅的半圆形建筑、拱形和柱廊，因此城市本身是一件美学作品，他的城市规划风格是"仅让美观的事物显露在城市的表面。"城市在竖向上的空间为若干层，层与层之间的高差为3.5米，绅士阶层行走在最上层的空间，马车运输和"有恶臭的事物"只允许在底层空间里出现。城市街道格局呈现方格网状，以教堂为中心大致呈现对称型

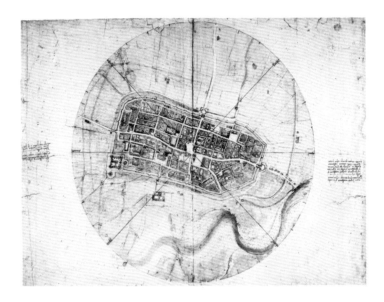

意大利北部伊莫拉城的平面图（达·芬奇绘制）

米开朗琪罗的圣约翰洗礼堂（San Giovanni dei Fiorentini）设计手稿之一、二（1559-1560年）（下）为梅迪奇小教堂所绘设计图（右上）为佛罗伦萨设计的防御工程（右下）

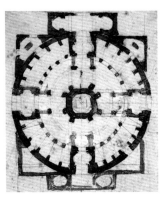

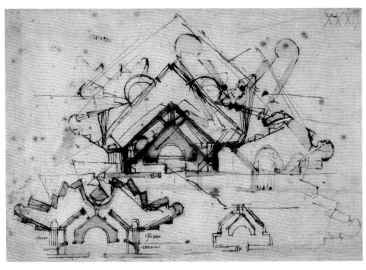

皮耶罗·德拉·弗朗切斯卡所画的理想城市

弗拉·卡尼维尔所画的理想城市

乔治·马尔蒂尼所画的理想城市

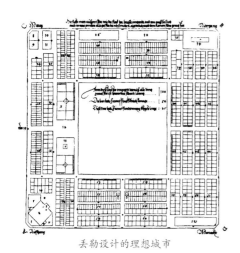

丢勒设计的理想城市

布局。

　　米开朗琪罗是文艺复兴"三杰"之一，不仅在绘画和雕刻上有巨大的成就，而且在建筑与城市规划方面也有很大的建树。米开朗琪罗被认为是"巴洛克之父"。他设计的建筑及城市包括圣彼得大教堂、罗马市政广场、圣天使城堡、梅迪奇小教堂（The Medici Chapel）、劳伦图书馆（Laurentian Library）、城市防御工程设计、法尔内赛宫（Farnese Palace）、圣约翰洗礼堂（San Giovanni dei Fiorentini）、斯福尔扎教堂（Sforza Chapel）、皮亚门（Porta Pia）等。米开朗琪罗的方案中常显示出壮丽性和强烈的力度感，工整和对称的布局、对几何形状的追求，体现出城市规划的理想主义。他塑造的城市空间有如室内空间一般舒适，塑造的室内空间又像室外空间一样气势恢宏。米开朗琪罗将绘画与雕刻中的理想艺术图景，带入了对罗马及佛罗伦萨城市及建筑的设计中，体现出在城市细节上的理想理念。不同于达·芬奇的理想城市方案，米开朗琪罗的理想设计图景的许多都得到了实施。

画作中的理想城市

　　文艺复兴时期有三幅画作，都是关于"理想城市"的。其一是由文艺复兴初期画家皮耶罗·德拉·弗朗切斯卡（Piero Della Francesca）所画的画作。画作遵循严格的几何透视，十分强调纵深的视野和景观，并且以中央的庙宇式的圆形建筑为中心，描绘了巨大的城市广场。街道呈现棋盘式的布局。两侧建筑对称布局，高度不超过中央建筑。虽然画作中缺少绿色元素，也没有预留绿地，没有画出行人，但光线与阴影的独特运用，使得城市出现了明亮、温暖的色调。

　　第二幅是意大利画家建筑设计师弗拉·卡尼维尔的《理想的城市》，呈现了另一种城市模型，时间为早晨天亮时，中央没有庙宇建筑，而是古罗马风格的广场，两旁有立柱和雕塑象征着统治者的权力，广场周围是私人住宅、娱乐场所（斗兽场）和八角形神庙。在卡尼维尔的画作中，理想城市的功能变得丰富，兼有政治、宗教、居住、娱乐功能。虽然也用了透视法，但更重视表现水平方向的景观，将多种公共建筑放在一起，一览无余。另外，画作中多出了水景的装饰，意味城市有良好的供水系统。作家以绘画艺术为媒介，表达了对一种良好的城市功能完美的理想憧憬。

第三幅为乔治·马尔蒂尼（Francesco Di Giorgio Martini）的《理想城市》，该画作十分强调纵深透视，街道从近处向无限远的远方延伸下去，色调较为灰暗、单调，理想的城市成为地面的几何构图、柱子和门廊的集合体，整个画面宛如一个客厅，四根巨大的支柱围成正方形的空间。

阿尔伯蒂和费拉锐特的理想城市模型

阿尔伯蒂在其著作《论建筑》中提出了一种城市的模式，是多边星形的平面结构模式，有利于军事防御。阿尔伯蒂的规划思想中"美观"占据了主导，也有对几何形体的追求。强调便利性，主张根据自然条件、军事要求而因地制宜的选址并布局街道。阿尔伯蒂还热爱自然，"房子应该可见四下，诸如可以看到城镇、森林、大海、辽阔的平原，或是某些熟悉的山顶或山峰或是美丽的园子，这里当有可以垂钓或是狩猎的地方。"

1464 年，费拉锐特（Filarete，Antonio di Pietro Averlino）提出了一个想象中的八角形城市方案，并取名为"斯福钦达"（Sforzinda），广场位于城市中央，最外围的城墙呈十六边形，星形和外边的圆形，象征着对星相学的崇拜。星形的八个向外的角上规划布局高塔，向内的角为城门，城门与广场之间的连线为大道，大道旁布局集市。教堂、王子住宅和市场是城内的

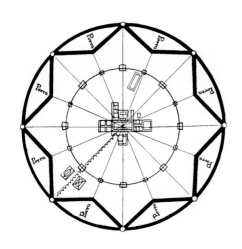

费拉锐特设计的理想城市"斯福钦达"

意大利理想城市帕尔玛诺瓦的古老地图

帕尔玛诺瓦

三个主要方形建筑，每隔一条大道都附带有运河，与城市外部联系。

这些星形的理想城市模式，大多没有得以实际建造出来。但是，它在一座城市中得到了实践运用并保存至今，就是意大利的帕尔玛诺瓦（Palma Nova），它是一个防御型的城镇。

理想城市模型中的艺术

从文艺复兴时期艺术家、建筑家描绘的心目中的理想城市模型中，可以看到里面有许多艺术的手段，追求视觉上的美观。例如：工整对称的构图、追求方形、圆形、星形等几何图案上的秩序。它企图营造一种理想化的环境艺术。达·芬奇的理想中的米兰营造了精致典雅、干净卫生、无异味的一种城市环境。《理想的城市》画作则追求古代城市秩序井然的氛围，从天空颜色、建筑色调、街道小品、地面装饰等许多方面描绘出城市中的统治者或市民心中的理想环境。

除了美观之外，理想城市模型中对自然条件的重视、对数学的追求，都体现了理性原则，艺术根植于城市建设、建筑和绘画的实践之中，不仅追求美观，还追求功能适宜性，因此是一种具有实用性的艺术。这体现出文艺复兴时期"文艺是理性和真实性"的原则。

理想城市模型是在当时的文化、宗教、科技发展背景下，人们对城市的一种创造，是以具象的方法将理想的城市转化为绘画等艺术形象，并不完全是可以直接建造施工的工程图，即不是按照"事物原有的样子"被动抄袭，而是挑出其中最优美的部分加以典型化、理想化。

文艺复兴时期的表现手段是有限的，限于图画、文字等，缺少现代化的技术，

体现理想城市思想的《城市防御》（*Delle Fortificationi*）的作者 B. 洛里尼（1597 年）

洛里尼提出的理想城市——"九角城市"

因此重视艺术技巧（如透视法）的应用，认为理想的形式是已知存在于自然界的，艺术家或建筑家需要将其挖掘出来（如最美线条、最美比例等），并且必须结合具体的内容，避免艺术形式与艺术内容相互脱离。

丹纳认为："艺术家改变各个部分的关系，一定是向同一方向改变，而且是有意改变的，目的在于使得对象的某一个'主要特征'……显得特别清楚。……所以他们说艺术的目的是表现事物的本质……艺术的目的就是要把这个特征表现得彰明较著；而艺术所以要担负这个任务，是因为现实不能胜任。"（丹纳，《艺术哲学》，第22-25 页）费拉锐特的理想城市，就塑造了一个当时的米兰的"翻版"并加以抽象。这种创作过程，其艺术思想内核，就是把事物的主要特征加以放大。当时的米兰就已经大致呈现圆形的社会空间结构。费拉锐特不满于此，用规整、简洁的、具有美妙性质的几何图形，来引导社会空间结构的形成。费拉锐特正是把当时的城市的最核心的地理空间特征，加以抽象、放大，并运用到他的理想城市方案中。费拉锐特

的城市规划思想内核，体现着文艺复兴艺术的特点之一——简洁。

而达·芬奇的理想城市中（无论是描述还是草图）很强调采光，草图中用重的线描绘阴影，因此有光、影的绘画思想在其中。达·芬奇在准确再现米兰已有的建筑要素时，用光影绘画思想将建筑物等要素加以组合，形成城市。

正是这种光影绘画表现的功力和审美感，让设计出的城市达到了感官上的最美。在理想城市中培育的感知的特点，等同于在绘画中带给人们的感知的特点。

为了把花画好，达·芬奇研究植物学；为了把人画好，达·芬奇研究解剖学；为了把城市做好，达·芬奇发挥了其艺术家的专长，研究建筑学，剖析城市的要素，并给出了许多创意方案。

文艺复兴时期的艺术家、建筑家的理想城市模型，体现着来自维特鲁威的渊源，又在此基础上增加了许多变体和具体功能（如洛里尼的具有城市防御功能的"九角城市"），反映出追求秩序的设计思想。

THE LAYOUT SYSTEM
OF
URBAN PLANNING
AND
ART

第 7 章

城市规划的布局体系与艺术

作为全书的总结，第 7 章 "城市规划的布局体系与艺术"，将介绍历史上的城市规划所体现出的古老的规划原则、布局体系，回答 "艺术如何作用于历史上名城的城市规划？" 这一问题。之后，叙述以美国为代表的现代城市规划的布局特征。

7.1 源自城市规划与艺术史的规划原则与布局体系
PRINCIPLES AND LAYOUT SYSTEM FROM THE HISTORY OF URBAN PLANNING AND ART

关注历史上名城的城市规划

城市规划，从初创形成之日起就是人类文明与进步的写照。是人类不断变更生存空间的形态与结构方式的思维与实践过程，是人类的文化积累与空间观念演变的踪影，同时也是人类艺术理想与城市发展史共存共融的结晶。城市规划，是从宇宙宏观与文化形态以及城市复合功能等方面，综合构建的城市命脉、城市文化、城市体系。关于世界城市规划史，我们还缺乏深层次的系统化研究，其含义也各不相同。时代发展到今天，城市规划已经日益受到重视。同时，也日益引起国内外专家及社会各界有识之士的关注。

艺术家绘制的古巴比伦城复原图

时代进程已经进入"城市规划与艺术"备受关注的时代。就像我们关注空间质量、生存环境、生命精神的空间形态一样，城市规划也日益成为城市变革与发展的命脉。城市规划也是城市财富之源。在这个领域，有决策、调研、方案等环节，也可

古巴比伦城平面图

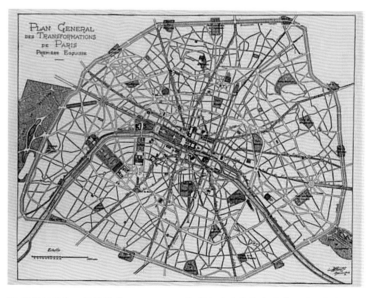

20世纪初尤金·海纳德（Eugène Hénard）制定的巴黎综合改建规划，扩充了放射性道路格局

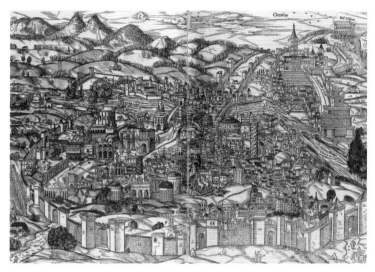

1549 年的罗马地图

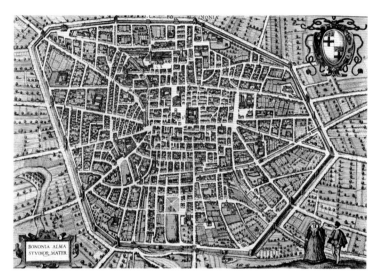

意大利博洛尼亚古城图

能出现决策失误的败笔。简而言之，现代
的城市规划给"城市规划与艺术"留存的
空间是有限的，在资本与权势操作中，城
市规划到底能够有多少文化艺术的含量？
纵观世界城市规划史，那些世界文化历史
名城是怎么形成的？结论很简单，是精心
规划的结果。

源自古老城市规划图的
规划原则

在很多博物馆、美术馆、市政厅内，
都收藏陈列着古老的城市规划图。这是城
市规划的文献，亦是城市规划的财富。在
瓦特的故乡——英国的格拉斯哥市政厅内
就陈列着古老的城市规划图。

世界名城的城市规划图，是城市形成、
发展与演变的基础，也是城市文化财富资
源。古老的世界城市规划图，不仅具有史
学的、文献学与图像学的、城市规划与艺
术、科学的价值，而且具有关于深层次的
人类智慧与空间形态建构的研究价值。城
市规划体系的第一个印记、第一道脚印，
就是古老的城市规划图。

城市规划图是城市总体布局、空间构

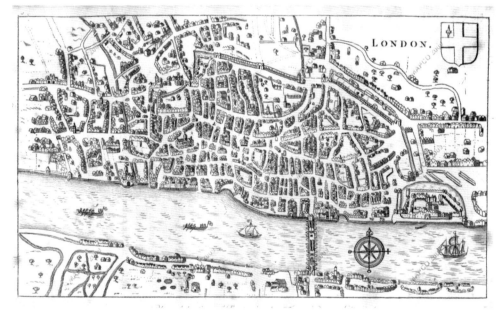

1593 年的伦敦地图

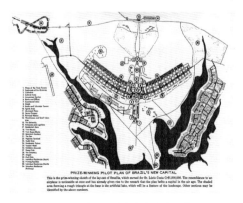

巴西利亚规划竞赛的获奖方案

1762 年的罗马核心区平面图

建的依据，也是城市资源、文化、功能的定性、定向的定位，是城市规划与艺术的思维与宏观调控的坐标系统。

强调宏观意识与规划实施总体原则的艺术美感，应该是城市规划系统工程的基础。众所周知的一些规划原则，比如维持城市与自然生态环境平衡，确定城市的功能与容量，确立城市布局的空间结构关系，山势、水源、道路、交通、资源的配置；文化古迹、人文资源的保护和规划；文化设施与教育资源的配套工程，都是规划的重点。再深入的城市总体布局就涉及一系列定位的要点。

城市的中轴线；

城市坐标的轴心；

城市资源的配置；

城市形态的构建；

城市自然生态环境与人文地理的空间结构；

城市文化容量与美学思想的特性；

原生态与城市复合功能的宏观调控等等。

城市规划的总体格局，是时代的表情，也是时代精神的象征。

每个时代的规划，都体现了所处时代的需求，对于城市规模、优势与特色的定位，显示出时代精神的规格与高度。

有一种观点：越古典的城市规划，艺术感越强；越现代的规划，功能超越了艺术，越现代的规划，艺术感越趋于薄弱或荡然无存。

从世界城市规划发展史中，特别是从今日依然保存着完好的古代规划格局的世界名城中，对比那些现代的城市，我们就会得出科学的结论。

希腊比雷埃夫斯

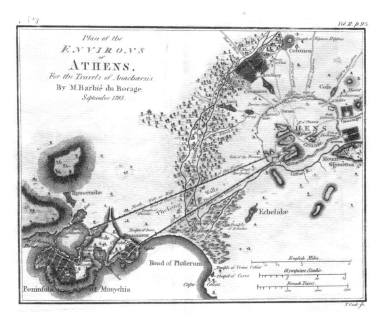

古希腊雅典及其港口比雷埃夫斯

法国巴洛克规划的建筑艺术

西班牙滨海托萨（Tossa de Mar）古镇及中世纪城墙

古典的美学，融入古典的城市规划。溯源古希腊雅典的城市规划和古希腊、古罗马的规划，它们首先是以自然资源与艺术资源为城市规划的立足点。山势水源、人文地理有机的统一在规划里，人类的智慧与文明的起源，最早定位了城市规划的思想，并体现在那些博物馆所珍藏的古老城市规划图中。完美的思想、完美的规划，统一和谐，成为整个城市规划史的典范。

追求有序和艺术感的巴洛克规划

"巴洛克的城市规划首先是几何概念上的成就，其次才是实用上的含义"（The Culture of Cities，Lewis Mumford，P.146）。米开朗琪罗被认为是"巴洛克之父"。

巴洛克规划是影响整个城市规划史的，像城市规划的交响乐。巴洛克开启了城市规划的空间。城市空间新的秩序，是通过一个圆心及其向四外辐射状延伸的街道和林荫路体现出来的。

巴黎的奥斯曼规划就是最典型的例证之一。

中世纪的古老城市，多是以自然生态的自然生长方式形成了城市空间及其城市生活的原生态秩序，温情而宁静，绝无喧嚣的现代都市病。城市生活方式也是自给自足、自我管理的自然形态。而新的规划采用了"直线的规划形式"，以规整的矩形街区作为规划单元。而且采用了均匀一致的规模尺度，并且把原有的错落参差混杂不规整的街区或者棋盘状的规划形式，不偏不倚的交织起来，或采用屏壁合围的形式将不规则的建筑规整围拢起来，形成外观齐整的包容式规划。既不拆除改建，只是进行了美化处理，又满足了需要。

艺术格局是需要韵律之美的，巴洛克规划创建者米开朗琪罗是艺术巨匠，精通绘画、建筑与雕刻，巴洛克规划创建之初就是以艺术与美为城市规划基础的，律动

之美，使整体规划的整体气势更具备完美
的整体艺术感。

　　巴洛克规划开启的是城市空间秩序的
皇家气派与王者之风，城市的精神气象与
气质彰显出豪华与贵族气概。爱丁堡新城
的规划设计就是吸纳了这一特点而形成的
规划格局。

　　星形的道路布局形式中，长长的通道
穿过丛林水溪，汇聚在某个中心地点（这
一规划方式可能源自皇家狩猎场的启示）。
如今在巴洛克城市规划里，其汇聚点成了
城市规划的交通枢纽中心起点。

　　在城市规划方案里，中心汇聚点并不
一定全是交通枢纽的中心，也有的是名胜
景区、大教堂或是一条条新建的大道从城

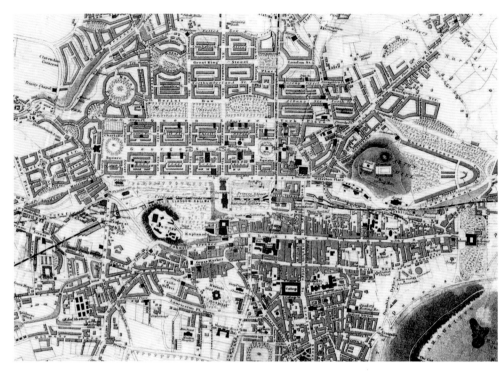

爱丁堡 1860 年平面图　　　　　　　　　　凡尔赛宫的平面图，体现秩序、美和热烈的感觉的城市规划

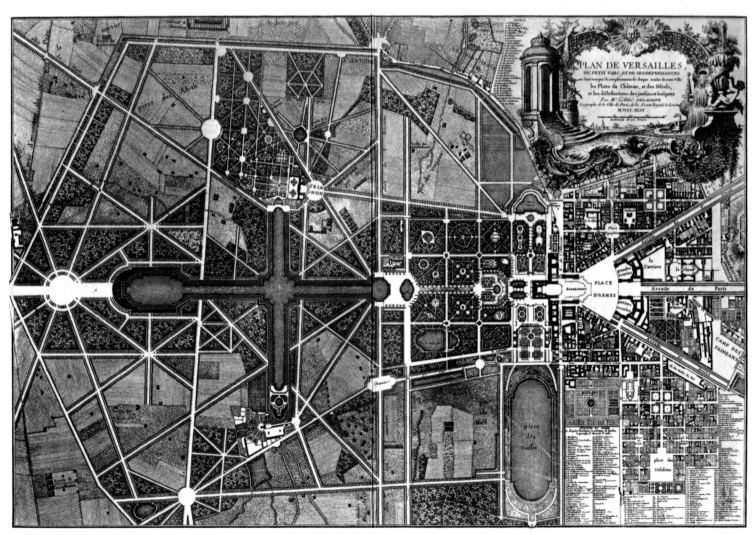

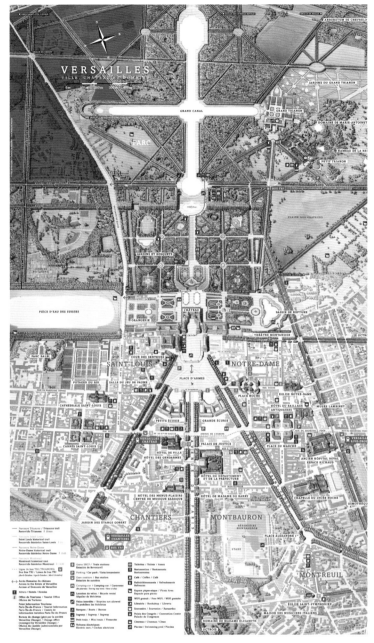

凡尔赛宫的平面图

功能与艺术感统一的多边形规划

市的四面八方汇聚到宫殿所在地。条条大道都汇集向皇宫了。这种规划形式在法国尤其普遍。这种规划方案，不仅指导着凡尔赛宫的规划，也主导了法国城市的道路系统。

星形街区规划模式的起源，还有一个同样重要的根源。古老的城市规划图及世界名城的文物建筑遗存、文献及城迹都能寻到规划根源：早期城市形态的星形堡垒的建构设计中，一般采用多边的模式，通常为八边形，结果城市规划就延续并形成了规则的多边形。

多边形的规划是能融城市功能与艺术感的规划形式之一。因而城市街区体系的布局，或者就形成了十字路口形制，或者就从八角形的八个角顶点向中心聚集，汇聚其中。八面体的道路布局形式的主要效果和功能，就是把城市区域分隔成若干个扇形区段。这些扇形区段又相互联结成一个规划整体的、辐射状网络般的城市区域轮廓，由中心辐射而出的多条道路，继续延伸而至四面八方或多个景区。

"宏观规划的主要效果还在于要突出水平方向上多种线条的有序性，否则城市仍然感觉杂乱无章。有了这些横向街道构成的有序线条，一处处高耸的穹隆浮现出来，各个主要建筑物的身姿也因位置处理超脱大街而浮现出来，在视觉空间效果上得以展现全貌。"（The Culture of Cities，Lewis Mumford，P.145）

中世纪古城的温情被扩充放大而不是毁灭，更换了新的空间形态。所以，巴黎的观象台大道（Avenue de l'Observatioire）和香榭丽舍大道总是有种令人难忘的温馨感。

远眺雅典卫城

全面包容科学与艺术的
古代规划

城市"规划的本质就是整体考虑，宏观上相互调节和调控，它的基础是关心人，它的方法就是寻找各种合适的途径。"（P. 盖迪斯）

城市规划的体系是从古到今的城市规划与实践的结晶。

古代的城市规划体系，是以自然与人的空间关系为中心，以自然生态与艺术感为核心的。以自然生态环境和自然生态空间结构为主线而建立的规划，更适宜人的自然本性和生存方式。

维特鲁威提出的理想城市，对世界城市规划史产生了深远影响，他的《建筑十书》奠定了城市规划科学与艺术的体系，是古代城市规划思想体系的核心。

雅典卫城是古希腊人文城市规划体系

的灯塔与坐标，希腊古典文化价值不仅体现在艺术形态上，更是城市规划古代体系的精神支撑原点。雅典卫城是希腊文明的精神圣城，雅典、斯巴达、米利都、科林斯等希腊古城构建了以艺术与科学为基础的古代城市规划体系。从建筑与城市艺术的角度看，雅典一般划分为四个时期：荷马文化时期（公元前 12 世纪—前 8 世纪）、古风时期（公元前 8 世纪—前 5 世纪）、古典文化时期（公元前 5 世纪—前 4 世纪）和希腊化时期（公元前 4 世纪末—前 2 世纪）。雅典卫城建造于古典文化时期。

古代城市规划思想体系是古希腊哲学精神的自然延伸，特别是宇宙论思想、对人本主义与空间的观念。艺术与科学融入城市规划思想与实践，对天文、人文地理、气象、海流、自然生态的观测与知识，为维特鲁威的规划体系奠定了基础。古希腊在城市精神、城市文化、艺术与科学、体育等多个领域全面开拓。希腊精神是包容宇宙的。古代城市规划体系，正是以此为基点而构建的。

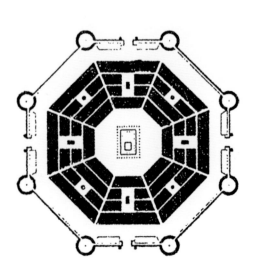

维特鲁威的理想城市

雅典卫城的手绘复原图

雅典卫城　　　德国德累斯顿（Dresden）

圣米歇尔山城古地图　　　巴黎枫丹白露

圣米歇尔山城

7.2 城市规划与艺术：时间与空间的艺术与科学

URBAN PLANNING AND ART: THE ART AND SCIENCE OF TIME AND SPACE

人类为神灵建造城市

人类最早建造城市，起初并非仅为了生存条件的自我改善，或居住空间的进一步完善。

城市的起源，学术界定论不易，但有一个基本史实是贯穿城市发展史的，即人类文化与文明的进程。人的精神信仰促使人去给信仰以完美的空间，给神灵以居所，人心所系，信仰所聚，促成人的行为，去建筑信仰神灵的空间。

雅典卫城也是诸神的资源条件，护佑灵魂的祈愿使人类建造城堡和城墙，至今教堂依存，建在名城的中心就是依信仰的力量而依存的。

人因给神灵建造了城市，就把自身带到了城市，跟神在一起，心灵与神灵相依。这并不是神话，而是文明史实。城市规划则是人类的知觉空间延伸到科学与艺术领域的思维与实践。

城市规划与艺术是生命高级形态的产物，也是人类精心营造文化容器与神灵殿堂的尝试。人不甘心生于尘土而归于尘土，

维也纳俯瞰

巴黎圣母院的夕照

位于法国南部尼姆的古代罗马风格方形神殿　　　　　　　　　　　　　　　　古罗马斗兽场

人类的觉醒，首先是以智慧的火种构建生命的智能空间站——城市。作为能源与资源汇聚着的城市形态，从人的艺术思维想象力开始，经规划成为现实的空间结构。

城市规划与艺术的命题，并不是一个行业技术的概念，也不是拆与建的工程概念范畴。

城市规划的命题，归根到底是人的生命精神、自由意志与空间关系的平衡与选择。

人类进化文明的抉择能力，使人类选择了城市来容纳生存的多向度、多功能需求，选择城市文明来容纳人类情感、智慧与空间构建的特殊需求，使城市成为人类进步、文明演化的阶梯，成为科学技术与文化的容器。

因人类不断改变自身与自然的关系，生存环境与生存条件才能使城市成为文化与文明的载体，使人的生存空间更加完美。

威尼斯圣马可广场圣殿

体现人类理智与高度的米兰大教堂顶

艺术形态源自于
城市复合功能体系

"城市——诚如人们从历史上所观察到的那样——就是人类社会权力和历史文化所形成的一种最大限度的汇聚体。在城市这种地方，人类社会生活散射出来的一条条互不相同的光束，以及它所焕发出的光彩，都会在这里聚焦，最终凝聚成人类社会的效能和实际意义。所以，城市就成为一种象征形式，象征着人类社会中种种关系的总和：她既是神圣精神世界——庙宇（神殿）的所在，又是世俗物质世界——市场的所在；它既是法庭的所在，又是研求知识的科学团体的所在。城市这个环境可以促使人类文明的生成物不断增多、不断丰富。城市这个环境也会促使人类经验不断化育出有生命（viable）含义的符号和象征，化育出人类的多种行为模式，化育出有序化的体制、制度。城市这个环境可以集中展现人类文明的全部重要含义；同样，城市这个环境，也让各民族、各时期的时令庆典和仪节活动，绽放成为一幕幕栩栩如生的历史事件和戏剧性场面，映现出一个全新的而又有自主意识的人类社会。"（Lewis Mumford，The Culture of Cities）

对于城市复合功能的科学定位，是恰如其分的。城市衍生了生态文明的空间模式，又演化延续了文化、艺术与文明的多种形态，渗透在城堡、广场、神殿、庙宇、教堂、宫殿、庭园、建筑、街区、道路、纪念碑、雕像、壁画、音乐厅、竞技场、剧院、博物馆及一切空间形态中。人类生存积累的各种经验、财富、资本、资源等最终都会转化成城市生活形态的各种要素和手段，汲取汇聚成技艺、智慧、文化精华而为城市容纳。不同类型的生存方

法国拉昂圣母院（Notre-Dame de Laon）的建筑和雕刻艺术

英国格洛斯特（Gloucester）大圣堂
法国北部的皮埃尔丰城堡（Château de Pierrefonds）

式、不同语言背景的种族、不同的精神气质与信仰都会在城市中浓缩而成为文化财富，这些条件形成资本、融汇资源，在城市这个容器中彼此交融和实现新的空间组合，最终形成城市效能，把原始各自狭小而孤立的诞生环境中根本无法实现的各种可能带进城市，加以升华和融通。城市的文化背景与时空又由吸纳智能资源而得到扩充。

城市规划与艺术中凝聚着人类文化的觉醒，承载着人类拓展空间生存容量的智慧火种。

山川河流、林泉幽径、楼台月影、歌舞迷情，人类在岁月中铸造城市，寄托智能，让流动的思维与意念在艺术建构中成为永恒。雅典卫城筑造了城市规划美学的典范。城市的形态经过完美的规划而彰显优势特色，城市的资源因完美的规划而成为科学与艺术生存空间的资本，城市规划与艺术成为城市活力的再生能源。

艺术巨匠创造名城规划中的永恒作品

城市规划，是神圣的事业。考察城市规划与艺术的历史，可以发现一个普遍现象：皇权、王权、神权掌控下的早期城市规划，都选择了具备很高艺术资质的规划师，这些资质，诸如维特鲁威《建筑十书》中所列举的规划建筑师的条件：要通晓天文学、地理学、数学、力学与美学，要懂绘画、音乐、语言学与诗，还要通晓逻辑学与工程学，最重要的是要具备很高的综合艺术资质。历史文献所记载的贝尼尼，可以随时与皇帝面谈城市规划的方案。

资质与资格配置，就保证了那个时代的城市规划是天才巨匠的大手笔，根本不可能出现草率工程的败笔。如果探讨占

瑞士的弗莱堡市中心，文艺复兴时期哥特式的大街仍然保存完好

比萨斜塔主教堂

建于 1173 年的比萨斜塔及主教堂

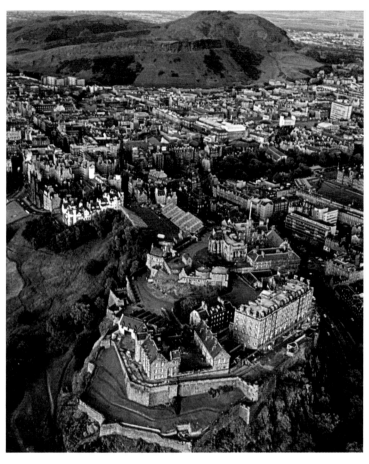

爱丁堡体现出的人类理想栖居环境　　　　　　　　俯瞰建于 12 世纪的尼登埃格桥（瑞士伯尔尼）　　　　　伦敦

代城市规划的起源、发展与演变,可以追溯千年的规划史如何形成历史名城的。城市规划的首要条件,就是规划方案及实施的人力资源的文化素质,建造圣彼得广场可以持续120年,建造科隆大教堂可以延续600年。能经得住时间检验与考验的空间构建才是真正的艺术,才是真正的城市规划。

艺术流传至今,能经得起时间验证、经得住时光岁月淘汰的只能是经典。因此,城市规划与艺术也只有经典才能留存,成为世界名城和世界遗产;仓促而为、逼催而成的,很难经得起时间与岁月的检验。

在城市规划与艺术的历史进程中,从早期的羊皮纸上的古老的城市规划图,到博物馆里珍藏的世界名城规划图,我们可以感受到人类思维在城市规划方面的精神历程。因为时间流逝,拉斐尔、米开朗琪罗、达·芬奇在城市规划与艺术方面的图稿、手稿已经很难寻找,但这些艺术大师巨匠所创作的城市规划作品依然存留。

如果我们仔细研究城市规划文献的古代规划图,就依稀可以识别那个时代的规划所依循的美学原则与规范,艺术理念及设计智慧是如何成功变成现实的。相信这并不是秘密,更不是偶发的灵感。这些古

老而泛黄的规划图所凝聚的是艺术与科学的永恒智能。

城市规划与艺术:
时间与空间的艺术与科学

古往今来多少城市,多少世界名城无一不是时间的产儿。时间与空间的艺术与科学,就是城市规划与艺术。

城市规划与艺术是时间与空间的合成。这种时间,并非计时器的刻度。这种空间,也不完全是具体的生活空间。时间与空间的抽象、分解与融合,构成了规划的原点。人类知觉空间向科学与艺术深度

克罗地亚古城杜布罗夫尼克

俯瞰雅典卫城

西班牙伊比萨的城市中心

俯视具有音乐韵律美感的米兰大教堂

延伸，构成了城市规划的罗盘。完美的城市规划是体现出人的空间感知艺术思维的深度与宽度的，四维的乃至多维的思维艺术，就像今日的卫星遥感一样，穿透错综复杂的现象，而构建出空间秩序。

"城市是一座座巨大的铸模，多少人终生的经验积累都在其中冷却着、凝结着，又通过艺术手段被赋予永恒的形式。"（The Culture of Cities）

在城市形态的空间环境中，时间变得可以看得见、摸得着、记得住，无形的时间，变得有形有影。城市的文化映像、文化印记映照出人的文化时空与坐标。建筑物、纪念碑、雕像、名胜景观、文物遗迹、博物馆、音乐厅、影剧院、教堂、大学，样样都比书写的文字记载更加真实。历史在城市里复活，文化在城市里留存，财富在城市中聚集，资源在城市中汇融。记忆在城里的月光下复苏，命运在城市的黎明被唤醒，一切都在重生，沉睡的城市在苏醒，甚至那些冷漠的人群，城市的种种映像也会在他们的心目中留下生动的印象。历史文化遗迹一代又一代保护下来，成为城市历史的镜子，"埃舍尔的魔镜"——一切都是真实的，然而是不复存在的。镜子里可以看见历史尘埃中的心灵，又穿越历史的时空，在记忆中复活。

时间会向时间挑战，时间会与时间发生冲撞：以往历史上的各种文化习俗、各种生活方式、价值观念、精神信仰、生活理想、不同的思维习惯、认知、思辨、语言，都流传拥入城市，流连往返于存在与虚无的空间。于是乎，城市这个巨大的文化容器发挥了融汇功能，承载古今。城市以不同的时间层次，不同的空间序列，把一个个世代（时代）的具体特征都依次贯穿了起来。城市就这样连续积累着，一层叠一层，把时间断层的记忆组接成功，与历史一同延续到忘却的心灵……

忘却的记忆又在城市文化链条的贯通中复苏觉醒，城市通过规划，以时间和空间合成了丰富而复杂的交响变奏。城市给生活赋予了交响乐般的品格：各种专业的人类才俊，各种专业化的乐器手段，产生了洪亮的和声效果，这效果是任何的单一

阿姆斯特丹的城市形态结构之美

乐器都无法单独做到的，无论是音量、音色或是音质上。

　　城市可以滋生各种新兴的思维与时尚潮流，可以激发各种类型、各个领域的发明创造。空港和海港可以有效联结城际时空、电信网络又可以缩短信息流程。城市酿造了各种生活方式，又更新了各种习惯方式。城市由宁静的港湾发展为超级"埃舍尔的魔镜"——天使飞向了苍穹，各种粉饰的图像漫卷城市空间。心灵与心情难以宁静。

　　城市规划已经承载难以承载的一切了。

从空中俯瞰马耳他中世纪古城瓦莱塔

世界文化名城——斯德哥尔摩

西特列举的城市规划布局三大体系

卡米诺·西特（Camillo Sitte）论证了城市规划的现代体系，并强调："有必要保留一些艺术眼光。"他列举现代体系时说："主要有三个体系和若干它们的变体。这三个体系是：矩形体系、放射体系、三角形体系"。

德国卡塞尔市洛文堡城堡

德国曼海姆
（Mannheim, Luftbild vom Friedrichsplatz）

　　最普通的现代体系是矩形平面体系。它是在德国城市曼海姆（Mannheim）建立起来的，它形成了该城市的完整的棋盘格形式。曼海姆因创造了这一体系而著名。矩形体系总是一成不变的形成汇聚点。令人惊讶的是，这一体系实际上征服了全世界。无论我们走到哪里，都能发现新发展的市区总是遵循矩形布局。甚至在明显采用了放射形或三角形体系的地方，次要街道也被设计成尽可能地接近棋盘格形式。

　　现代城市规划的骄傲是圆形广场，如卡塞尔（Cassel）的国王广场（Knigsplatz）或八角形广场。这样的广场易于迷失方向。

　　古代、中世纪和文艺复兴时期的壮观广场是人类艺术的焦点，强调的是建筑和雕刻。巴洛克规划仍然是突出艺术地位布局主导的，这是由米开朗琪罗开创的城市规划传统。

　　在过去的年代，人们懂得古老城市的美和舒适的特质。我们必须在现代城市规划中尽可能多的保留艺术活力。

放射型城市布局体系

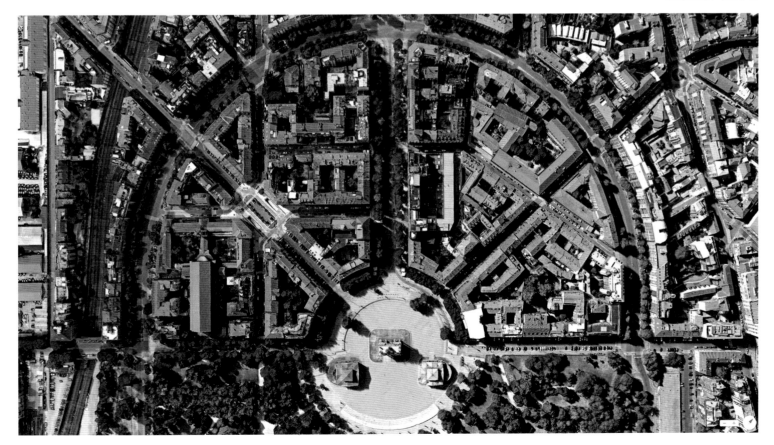

7.3　现代城市规划的布局体系——以美国为例

LAYOUT SYSTEM OF MODERN URBAN PLANNING: THE CASE OF USA

世界城市规划向高速与高度模式发展

现代城市规划体系的形成，是城市发展扩张到高速运转时代的产物。城市规划向空中发展，形成了美国的摩天大楼林立的超级城市。摩天大楼的玻璃幕墙吸收了世间的所有规划的映像，映照出城市魔幻般的飞尘，又反射出城市光怪陆离的幻影。城市已经变成人类难以驾驭的庞然大物，变成魔术与幻觉的中继站。城市已经走出中世纪的城堡与城墙，走出田园牧歌诗篇的城市格局，变成埃舍尔魔镜般的宇宙城市空间站：摩天大楼向高空延伸现代城市规划的梦想；伦敦建成欧洲（世界）最早的地下铁系统，又向地下开掘城市规划的空间容量；巴黎地铁至少已经开发出纵深 5～7 层的运转系统。人类苦于资源有限，又在大规模填海建城。日本大阪机场，自 1996 年填海建造而成，海面上的机场已运营了二十年。香港地区在山顶上建造城市住宅，又填海造城，把城市规划延伸至高空、大海和山巅。横滨把神奈川的古老城市建成超级规模海岸线的城市奇观。芝加哥、纽约把城市规划嫁接在航天发射器之端，把田园卫

芝加哥

从芝加哥肯珀大厦（Kemper Building）眺望的景观

曼哈顿城市天际线

具有巴洛克恢宏气势的现代城市规划范例——华盛顿

城市容量的扩大与
巴洛克规划思想内核的继承

　　美国的城市规划以其超级时速与规模建造了现代城市发展的奇迹。1780 年华盛顿特区被定为美国首都。1790 年美国国会授权华盛顿总统，在原马里兰州波托马克河畔选择了一块土地进行规划建设。华盛顿总统聘请了当时在美国军队里服务的法国军事工程师朗方（L'Enfant）为美国首都制定城市规划。

　　朗方在城市规划设计中，曾以热那亚、拿波里斯、佛罗伦萨、威尼斯、马德里、伦敦、巴黎、阿姆斯特丹等八个欧洲的城市为借鉴参照系，根据华盛顿地区的地形、地貌、水源、风向、方位、朝向、生态环境等条件，选择了两条河流交汇处，将北面地势较高和用水便利的地区，作为城市发展用地。城市面积约 30 平方公里。朗方规划是以国会与白宫为中心制定的，又把三权分立中最重要的立法机关——国会，放在华盛顿的最高处，即琴金斯山高地（高于波托马克河约 30 米），这是全城的核心和焦点，可以俯视全城。他又以国会大厦为中心，设计一条通向波托马克河滨的主轴线，并连接白宫与最高法院，成为三角形放射布局，构成全城布局结构中心。白宫与国会也在同一轴线上。从国会和白宫两向点四周放射出许多放射状道路通往许多广场、纪念碑、纪念馆等重要公共建筑。并且结合林荫绿地，构成放射与方格型相协调的道路系统，形成美丽的道路景观。规划的街区道路很宽阔，有的宽度达 50 米。规划的一些重要建筑物和纪念性建筑物均各有特色，宏观壮丽。空间布局、城市景观与绿树成荫的大道相陪衬。从国会大厦开始，正中有一条林荫大道向

　　星城市发射到宇宙行星的轨道循环。古代巴比伦城市遗迹、雅典卫城、古罗马的永恒之城、巴洛克的教堂、中世纪的古堡城墙今日犹在，观赏着人类现代城市规划的魔术表演——城市容器，可以容纳一切了，但却难以容纳自身了……

　　现代城市规划体系的时空坐标已经转换，由原初城堡与城墙构建的伊甸园，扩充而成为空间发射助推器上的"摩天乐园"。

　　城市的空间与空气，拥挤而又稀薄缺氧，城市的空气与空间，难以适应人类的生存，城市越是高度发展，越是高速运转，越不够满足人的空间需求了。人类已经痛感生态环境污染和发展密度的挤压了，城市不仅人口失控，规模失控，环境秩序难以掌控，水源、电源、资源难以调控，而且已经发展难以容纳自身的地步了。

　　城市规划现代体系终于迎来了难以承受、难以改变、难以持续、又难以发展的境况。到处是高速路飞旋的纽带缠绕，

　　城市摩天大厦被云层遮掩了顶端，伸向虚幻的空间。东京六本木的现代多功能的建筑群，仅规划就花费了三十年时间。花费三十年时间精心规划，如今的六本木可以俯瞰东京夜色之美，这是日本现代城市规划的典范。横滨樱木町、横滨港与新横滨更是建造了这座使日本由闭关锁国而开埠演化成现代日本的起步原点。日本开埠之城——横滨，成了日本高速发展的象征。

　　世界城市规划与建设的空间体系，已经超越了城市的负荷。

　　城市规模与生态资源已经难以保持平衡。人类最初建造城市，或许是由信仰的精神驱动，给神以安居之城。经过几千年的发展，城市日益演化成人类与神灵都难以安居之城了。城市的性质变为动态的，城市的交通变成超载的运行，城市的功能，日益显出难以维系的困境，城市的文化与温情需要再向心灵深处传递，才能复兴……

美国国会大厦鸟瞰

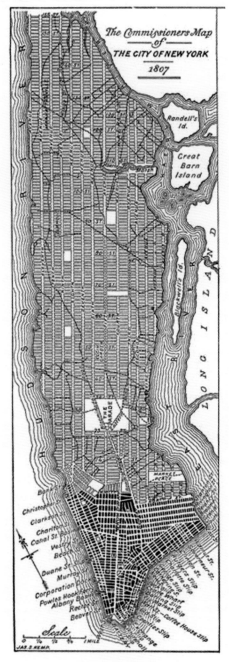
纽约的方格网状规划

对朗方华盛顿规划方案的改进方案（1792年）

华盛顿规划设计者
朗方（Pierre Charles L'Enfant）

西伸展，像一条绿带伸展到后来建造的华盛顿纪念碑。纪念碑往北是白宫，纪念碑向西是通过后来修建的狭长倒影池到达林肯纪念堂的。整个地区空间布局气势宏伟，景象优美。林荫大道两旁原来规划为使馆区，后来建造了许多博物馆、展览馆。朗方对华盛顿的人口规模规划预计为80万。当时美国全国人口还不到400万。这是一项成功的规划。他的规划思想与设计手法，是受到他生活过的巴黎和凡尔赛影响的。

美国的城市规划与发展是适合了现代城市的趋势而又依托欧洲世界名城的艺术内核而构建发展起来的。18～19世纪，欧洲殖民者在北美这块印第安人的富饶土地上建立了新兴的城市。美国新建的大城市由此而迅猛发展起步，一跃而成为世界城市规划最大规模的城市构建。城市的开发和建设由地产投机商和律师委托测量工程师对全国各类不同性质、不同地形的城市作出机械的方格型道路划分。城市规划之父——希波丹姆在他的年代创立的方格型规划，是古希腊城市秩序与空间规划的思想理念的实施。而美国的方格型城市，却是源于分割城市资源以获取更大利润这一目的的。开发者关注的是城市地价日益增长的情况下，如何获取商业利润增加效益，于是他们采取了缩小街区面积、增加道路长度的方法，以获得更多的可供出租的临界面。首都华盛顿是少数几个经过国家规划的城市之一，采用了放射加方格的道路系统。地形起伏的旧金山也生搬硬套地采用了方格型道路布局，结果却给城市交通与建筑布局带来很多不便。美国最初采用这种由测量工程师划分的方格型布局，是在当时马车时代交通不发达的背景情况下，应对城市崛起与城市人口聚集而经营开发土地的一种方法。1800年的纽约，人口仅79000人，集中于曼哈顿岛。1811

华盛顿规划（对朗方方案的扩大，1901年）

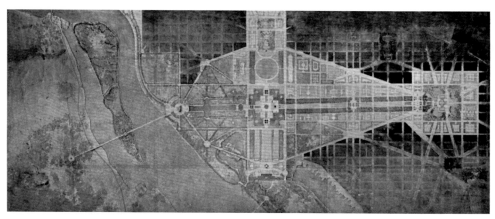

美国费城鸟瞰

年的纽约城市总体规划，采用方格型道路布局，东西12条大街，南北155条大街。市内唯一的空地是一块军事检阅用地。在1858年之后，才在此建设了中央公园。这个方格形的城市，东西长20公里，南北长5公里。

1811年制定纽约城市规划总图时，预计1860年城市人口规模将增加四倍，1900年将达到250万人。总图按250万人口规模进行了城市规划。事实上，人口增长速度比总图预计得更快，1850年已达696000人，而1900年竟达3437000人。1811年的纽约规划总图是马车时代的产物，不适应城市的发展。但1811年制定总图时不仅对人口与城市规模的增长有一定的预见性，并且依据对人口规模的预见进行了纽约的城市总体发展规划。纽约的名字沿用了英国一座古城约克（York）的名字，而又加了一个"新"（New）字，成为"New York"，由此可见其城市文化的文脉延续性。

美国是城市发展极快的移民国家。每个州都是以星条旗上的一颗星作定位的。就城市的容器与容量而言，美国也是有创见的。

纵观世界城市规划与艺术的发展史，城市在历史文化时空中的空间构建过程，还是依附于资本、资源与文化资本的。文化财富与艺术资源在各个时代都是"人类

得救不可缺少的真理和信念的唯一保险箱。"（The City in History）

巴洛克规划进入现代城市规划体系，是因为巴洛克是具备其创始者——巴洛克之父米开朗琪罗的艺术气场基因的。资本和财富的积累更使巴洛克显得气派豪华。资本主义时代，城市崛起，巴洛克在城市规划中延续并占据了主导地位，特别是在国家和政府规划中得到延续，成为城市文化的象征。19世纪欧洲的新的市政厅也是按照中世纪的模式兴建的，从维也纳到曼彻斯特（英国伦敦的威斯敏斯特的英国议会大厦除外），在巴黎、马德里、圣彼得堡、维也纳和柏林，巴洛克的建筑和规划风格，不但能持续绵延下去，而且还有了大规模应用的机会。18世纪以后，皇室居住的城市不再建了，但是，重要的首都和城市在新时代的发展和扩大过程中，仍然遵循着巴洛克的艺术规划方向路线。

19世纪的巴黎，保存了一些巴洛克城市规划的最伟大的成就。1665年的科尔贝尔（Colbert）的巴黎规划，强调适度控制建设和扩大，而结果是奥斯曼规划扩充了巴黎的总体艺术空间格局。一直到20世纪，城市规划主要是搞巴洛克规划，至少是在大城市是主导规划倾向。从东京和新德里到旧金山，都是如此。这些规划中，最宏伟的乐章是由伯纳姆

（Burnham）和贝内特（Bennett）制定的芝加哥规划。丹尼尔·伯纳姆有一句名言："不要做小的规划，因为它们不能激动人心。"这句话包含着人类规划艺术的远见卓识。

充满艺术性的城市布局

"我们必须以确定的艺术方式形成城市建设的艺术原则。我们必须研究过去时代的作品，并通过寻求出古代作品中美的因素来弥补当今艺术传统方面的损失。这些有效的因素必须成为现代城市建设的基本原则。只有通过这一途径，我们才能指望有所前进，如果这确系可能。"（《L'Art de Bâtir les Villes》，P.89）

"一座历史悠久的古代城市，其历史恰似一本记录在这座城市中所做的宗教的、精神的和艺术的投资的分类账。这种投资用它产生崇高的影响的方式对人类赋予永恒的利息。密切的研究将表明这种利息的价值正如物质的利息一样，是与投资的数量成正比的。而这种利息的获得取决于投资的明智与否。……上述考虑应使得我们的计算和数字时代认识到充满艺术性的城市布局的重要价值。"（《L'Art de Bâtir les Villes》，P.95）

对于现代城市规划中经济效益、利润与投资等商业效率的考虑，追求速度与经

济增长所遇到的问题，规划界专家学者有识之士也提出了忠告和警策的提醒："不论通过什么途径来研究城市规划的问题，都不可避免地会得出这样一个结论，即近年来人们对于这个课题实在是过于掉以轻心了。它需要更为理智的认真对待，特别是对于它的完全被忽视的艺术面貌这一方面，更不能等闲视之。这是一个复兴城市建设艺术的任务。因此，真正的成功将取决于极大的努力和支持。"（[奥]卡米诺·西特，《城市建设艺术》，P.96）

纽约，成为美国超级繁华的都市，占地 780 平方公里，由五个独特的区域组成：曼哈顿（Manhattan）、布朗克斯（Bronx）、昆斯（Queens）、布鲁克林（Brooklyn）、斯塔滕岛（Staten Island）。大

自由女神像

部分主要的景点都在曼哈顿。金碧辉煌的商场、博物馆和剧院都坐落在市中心或沿中央公园的方向。华尔街是纽约金融中心的心脏。华尔街三位一体教堂（Trinity Church）建于 1846 年，这是美国最古老的英国教区，成立于 1697 年。这座教堂由理查德·厄普约翰设计。雕刻精美的黄金大门是受了佛罗伦萨的"天堂之门"的影响。长 85 米的塔尖是到1860 年为止纽约最高的建筑物。自由女神雕像是纽约的象征，雕像是 Frédéric-Auguste Bartholdi 的杰作。在伊玛·拉扎罗斯的诗中，自由女神说："给我你的疲惫，你的贫穷，你便可以得到你想要的自由。"这座雕像的灵感也是由此而来的。另外一尊同样的自由女神雕像，在法国巴黎

密集之艺术感——曼哈顿

曼哈顿鸟瞰

曼哈顿及布鲁克林大桥（下）

曼哈顿俯瞰

华尔街体现的经济与数字之美

的卢森堡公园内安放。

　　纽约建造了世界城市规划史上的奇迹。布鲁克林大桥 1883 年建成，是世界建桥史上的奇迹。德国工程师约翰·A·罗勃林设计建造了这座世界上第一座由钢铁建造的跨海吊桥，花费 16 年。工程师本人也在建桥中死去，以身殉职。联合广场建于 1839 年。麦迪逊广场开放于 1847 年。帝国大厦是纽约最高也是最引人注目的摩天大楼。这座摩天大楼开始建造于 1930 年 3 月，在 1931 年，仅用一年时间就全

部建成了，很快成为纽约乃至世界的标志性建筑。建造高达 102 层的摩天大楼只花了 410 天的时间，也就是说以每个星期四层半的速度向高空递增，高速电梯能在一分钟内到达 366 米的高度。而建造的背景正是 1929 年美国经济危机大萧条时期。泰晤士广场因纽约的泰晤士塔楼而得名。当奥斯卡·哈姆斯坦在 1899 年建立维多利亚共和剧院以后，这里就成为城市剧院区的中心地带。

　　纽约公共图书馆，是纽约的智能资

源库。建筑师凯瑞（Carrère）和汉斯廷斯（Hastings）在 1897 年赢得了纽约公共图书馆的设计权。图书馆在 1911 年对公众开放后，立即得到称赞，尽管花费了 900 万美元的高额费用。建筑师的天赋就在主阅览室最能体现。无玻璃的空间庄严得就像一座大教堂，接近这个城市的两个街区那样宽了。140 千米长的书架，可以容纳 700 万册图书，现在这里收藏着托马斯·杰斐逊《独立宣言》的手稿。该馆知名的分馆还包括林肯中心

纽约大都会美术馆

纽约大都会美术馆内部

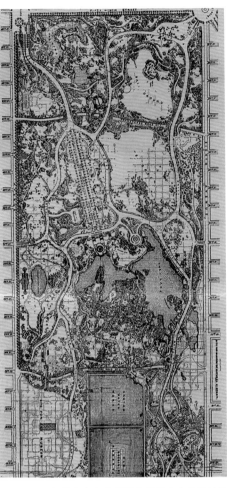

纽约大都会艺术博物馆周边地区规划图

纽约大都会美术馆立面

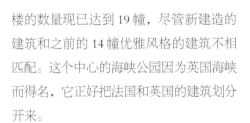

的纽约公共图书馆和哈林的康斯伯格中心（Schombug Center）。

豪华宫殿式建筑的摩根图书馆建造于1902年，是银行家皮埃尔·拜德·摩根（1837—1913年）的私人收藏。他是当时著名的收藏家。在1924年，他的儿子小摩根又把它建成了一座公共图书馆，他收藏了许多珍贵的手稿、画稿和书籍。

纽约是联合国所在地。当时约翰·洛克菲勒出资850万美元收购这一地区。这片地区的规划建设是美国建筑师华莱士·哈里森和一些国际顾问共同智慧规划的结晶。

洛克菲勒中心，是一个城市中的城市。这里作为国家历史纪念地是全世界最大的私人拥有的复合体建筑。在20世纪30年代，约翰·洛克菲勒为建造他早已设想好的一个歌剧院租下了这个地方，这是一个有史以来第一个要把花园、餐馆、商场还有办公区联合成一个整体的规划项目。大

楼的数量现已达到19幢，尽管新建造的建筑和之前的14幢优雅风格的建筑不相匹配。这个中心的海峡公园因为英国海峡而得名，它正好把法国和英国的建筑划分开来。

美国的历史仅200余年，却规划建造了人类城市发展史上的奇迹，都可视为城市规划的"大手笔"。

纽约最完美的哥特式建筑是由詹姆士·仁怀克设计并在1878年建成的。这也是一座美国最大的哥特式教堂。

纽约的规划特点是规划项目起点高，速度快，规模大，资金多，规格新奇，标新立异又立足于欧洲名城的城市规划艺术内核，资源深厚。第五大道从19世纪初建成，就是汇集纽约财富和名人之所。那时，道路两旁都是由美国著名建筑师Vanderbilts、Astors、Belmonts以及Goulds规划设计建造的富丽堂皇的大厦，所以这里又称为百万富翁的街区。

纽约城市布局中体现出的艺术

纽约的城市规划与艺术，体现在纽约的中央公园观光区域的规划。面积340公顷的绿地，1858年由费雷德里克·罗·欧姆斯特和卡尔弗特·沃克斯设计的这个公园，经过系统规划，花费了16年的时间建造，等于建造16座帝国大厦总用的时间。这个区域有美国最著名的艺术博物馆——大都会美术馆，1870年创建，也是世界上最著名的美术馆，拥有200万件藏品。1880年由卡尔·维特·沃克斯和雅各布·维瑞设计建造的哥特式大楼已经修整扩建多次。弗里克美术收藏馆，是钢铁大王亨利·克莱·弗里克（1849—1919年）的收藏馆。弗里克想要用这些收藏来纪念他自己的荣耀。图书馆和餐厅的设计都采用了英国式风格。

惠特尼美国艺术博物馆，是以一位

女艺术家名字来命名的。雕刻家格鲁特德·范德比尔特·惠特尼在继首都博物馆（大都会美术馆）之后，又于 1930 年建立了这座博物馆。博物馆原是建在格林尼治小镇上惠特尼工作室的后面的，后来才搬到这座于 1966 年马塞尔·勃鲁设计的金字塔大楼里。两年一次的惠特尼调查最能显示美国艺术的新动向。

所罗门·R·古根海姆博物馆，被认为是全世界最好的现代艺术收藏地。而这座大厦也被认为是二十世纪建筑学上最有成就的建筑。由美国建筑师弗兰克·劳埃德·赖特设计建造的。最终完工是在 1959 年他去世之后。它的像贝壳形状的正面是纽约的一个标志。内部螺旋形的斜坡占据了大部分空间，还使得圆屋顶向内弯曲。位于纽约市区的 SOHO 古根海姆博物馆于 2002 年关闭，纽约曾出台计划由弗兰克·盖里（Frank Gehry）设计崭新的古根海姆博物馆，建在南区的海港旁边。美国自然历史博物馆是世界上最大的自然历史博物馆之一。自 1877 年开放至今已经扩大到跨越四个街区，容纳了超过 3000 万件的标本和艺术品。

林肯中心，是纽约巨大的文化中心。林肯中心包括纽约州剧院和大都会歌剧院。纽约州剧院是纽约市立芭蕾舞团和市立歌剧院的所在地。另外两个重要的场所是林肯中心剧院和爱佛丽·费雪厅，是纽约交响乐团和美国最古老的管弦乐团所在地。林肯表演艺术中心也在这里。

纽约中心城区曼哈顿，城市最壮观的塔楼和尖顶构成了中心城区曼哈顿的轮廓，从著名的 Art Deco 风格的尖塔，到勾勒出城市形状的引人入胜的摩天大厦。由于海滩线推进了住宅区，因此建筑风格呈现多样化。

哥伦比亚大学，作为美国最古老的大学之一，是 1745 年成立的国王学院，最初位于曼哈顿区，现在校园位于晨边高地，建筑师麦金、米德和怀特（Mckim、Mead & White）围绕中心广场设计了最初的建筑。经典的哥伦比亚建筑——图书馆位于中心广场之上。哥伦比亚大学师生中已经有 50 多人获得了诺贝尔奖的桂冠。这里是新闻和艺术最高荣誉普利策奖的发源地。穿过校园往东的阿姆斯特丹大道上坐落着世界上最大的哥特式教堂——圣约翰

大教堂。其内部长达 180 米，宽达 45 米，现仍在建设中，中世纪的建筑方法在这里被广泛采用。

河岸大教堂（Riverside Church）的设计灵感取自于法国沙特尔大教堂。这座有 21 层钢架结构的哥特式大教堂在 1930 年得到了约翰·D·洛克菲勒的大力资助。劳拉·斯皮尔曼·洛克菲勒纪念馆的钟乐器（为纪念洛克菲勒的母亲）是世界上最大的钟乐器组，共有 74 个钟。20 吨的低音钟（时钟）是世界上最大最沉的声调乐器钟。共有 22000 支管的管风琴也是世界最大的管风琴。21 层的河岸大教堂是模仿 11 世纪后期的法国教堂建成的。参观者可以乘电梯到 20 层，然后再步行 140 步到钟塔的顶端，可以观赏曼哈顿的全貌。

尼古拉斯街古城区（St.Nicholas Historic District）建于 1891 年。当时哈林区是纽约的贵族居住区。一位名叫大卫·金的开发者挑选了三名处于规划主导地位的建筑师，并且成功地把他们三人不同的建筑风格融合为一种风格。举世闻名的修道院艺术博物馆是首都博物馆（大都会博物馆）

雨后的曼哈顿

洛克菲勒中心建筑群

古根海姆博物馆

弗里克收藏馆

纽约中央公园与地标建筑组成的城市印象

纽约林肯中心

纽约爱佛丽·费雪厅

的分馆，位于一座中世纪的修道院内，专用于收藏和展示中世纪艺术品。

布朗克斯（The Bronx）动物园，1899年开放，是美国最大的城市公园。面积101公顷的纽约植物园是世界上最古老、最大的植物园之一。有48个特色植物园。1897年，由建筑师麦金、米德和怀特设计的布鲁克林艺术博物馆，尽管只有五分之一完整保存着，它仍然是美国最令人难忘的文化设施，其中收藏了大约150万件作品。布鲁克林诗人怀特·惠特曼的很多作品都是在该区一个偏远地创作的，即康尼岛。

新的科技、艺术潮流与美国城市布局规划

费城，是宾夕法尼亚最大的一座城，是美国的诞生地。费城的城市规划格局是秩序化的空间分割，均匀划分成方格形状的结构布局。从空中俯瞰则更清晰可见其规划的精密完整。宾夕法尼亚美术学院建于1805年。创建者是本杰明·韦斯特（1738－1820年），她于1768年帮助筹建了英国皇家学院。

波士顿位于大西洋东北岸的马萨诸塞海湾。17世纪，在查尔斯河河口处的巨大天然港口创建了这座城市，占地127平方公里，人口55.6万，是美国主要的历史、文化和学术中心。波士顿比肯山的许多建筑群是由著名建筑师查尔斯·布尔芬奇（1763－1844年）及其学生设计的，逐渐成为联合式建筑的典范。波士顿雅典娜神庙是一座帕拉第奥式风格建筑，其图书馆是由乔治·华盛顿的私人图书馆和英格兰国王的神学图书馆两部分组成的。1907年，雅典娜神庙的收藏品进行了第一次系统化管理，包括许多精美的油画，后捐赠波士顿博物馆。波士顿的剑桥，坐落在这里有

波士顿的城市及公园鸟瞰　　　古今兼融的波士顿

哥伦比亚大学图书馆

哥伦比亚大学　　　　　　　　　纽约河岸大教堂　　　　　　　　　波士顿汉考克大厦（John Hancock Tower）

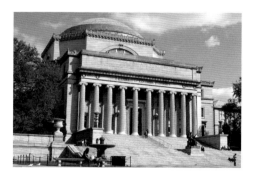

洛杉矶中心图书馆

两所世界著名的大学：美国哈佛大学和马萨诸塞州科技学院（MIT）。波士顿是美国的文化中心和学术中心。

芝加哥位于美国中部，300 万人口，面积为 591 平方千米，坐落于巨大的密歇根湖的西南畔，拥有 47 千米长的湖滨地带。现在芝加哥是美国第三大城市，以其创新性建筑，充满活力的文化与教育机构，以及作为国家运输中心而闻名。

芝加哥是世界闻名的规划建筑创新中心。世界上第一座摩天大厦在芝加哥建成。建筑师们以创造性的灵感推动了城市规划的建筑创新。在芝加哥 1871 年灾难性的大火之后，在一片平地之上，建筑师们重新创建了一座超级规模城市。弗兰克·劳埃德·赖特在芝加哥形成了其建筑学派。

女演员鲁思·戈登曾说："芝加哥有一个很好的名声是因为芝加哥意味着金钱。"20 世纪之初，芝加哥有 200 位百万富翁。其中最杰出的是纺织品商人和房地产巨头波特·帕尔姆。

帕尔姆和他出身上层社会的妻子贝莉·奥诺雷对芝加哥的文化与经济生活有

着极其深远的影响。财富、资本的力度使得这座城市成为规划建筑艺术创新的竞技舞台。位于卢甫区的希尔斯大厦高 442 米，是世界上最高的建筑物之一，由布鲁斯·格雷厄姆和工程师法兹勒·罕设计，面积为 30 万平方米的办公区，配置电梯超过 100 部。希尔斯大厦旁的鲁克立大厦由伯纳姆和卢特在 1888 年设计，当时曾是世界上最高的建筑，也是芝加哥的象征性建筑。芝加哥艺术学院 1879 年建成。马凯特大厦，早期的摩天大厦 1895 年由威廉·霍拉伯德和马丁·罗奇设计。

芝加哥学派的建筑师为卢甫区设计了超过 80 座建筑。艺术大楼由索伦·S·波曼于 1885 年设计，也曾经是建筑师弗兰克·劳埃德·赖特的工作室。芝加哥大学创建于 1890 年，是很有名望的名牌大学，由约翰·D·洛克菲勒捐资在马歇尔·菲尔德捐献的土地上建成。

圣达菲中心是一座典型的芝加哥流派的建筑，是芝加哥建筑基金会的所在地。芝加哥交易所是一座 45 层的艺术装饰建筑。赛丽的雕像位于这座建筑的顶端。联邦中心是由路德维格·米斯·范德卢赫围

绕中心广场设计的办公楼。摩纳德诺克大楼是有史以来最高的建筑。

1892 年投入使用的高架轨道在芝加哥形成了长为七个街区，宽为五个街区的圆环。

芝加哥的摩天大厦支撑起美国现代城市规划体系的空间高度，构建了芝加哥派的规划建筑奇观。

加利福尼亚的两个世界级城市——圣弗朗西斯科（旧金山）市和洛杉矶市，是美国现代城市规划举世闻名的超级城市。迪士尼乐园就坐落于洛杉矶市。洛杉矶中心图书馆、音乐中心、好莱坞剧场（Hollywood Bowl）、好莱坞大道是世界电影著名街区。"宽容博物馆"是洛杉矶特色博物馆，可与之比拟的是巴黎的世界赝品博物馆。格蒂中心坐落于风景如画的赛普尔维达的圣莫尼卡群山之中，是以石油大王收藏家保罗·格蒂（1892 — 1976 年）的名字命名的，陈列收藏保罗·格蒂一生的藏品，从文艺复兴到欧洲艺术名品。

洛杉矶还有一个威尼斯，是由烟草业巨头阿博特·金尼创建的美国版意大利水城威尼斯。

圣弗朗西斯科是美国第二大城市，人口密度仅次于纽约。122 平方公里的土地上拥挤着 75 万人。它位于一个半岛的顶端，西濒太平洋，东临圣弗朗西斯科湾，扩大的地区还包括奥克兰和伯克利。这是一座空间布局紧凑的城市，适宜步行，大约有 43 座小山。这种地势使许多街道有一定的倾斜度，却也因此出现特别情调。城市地形虽然是不规则的山势，然而该城的城市规划是方格形状的布局，经纬线密集划分各区域。金融区位于城市中心，被称为"西岸的华尔街"。诺布山（Nob）是城市内最高峰，比海湾高出 103 米，因为有轨缆车、豪华旅馆和漂亮的山顶景色，诺布山可以俯瞰整个城市景色，成为旧金山最有名的山。圣弗朗西斯科城市规划的特点是把方格盘秩序空间建在了不规则的山势地形上。城市的第一次快速发展是 1848 年、1849 年的淘金热。数十万淘金者从全世界各地来到 Sacramento 的内华达山（Sierra Nevadas）脚下的 Sutter's Mill，因发现金矿吸引了全球淘金者。

旧金山的建筑受地势影响，规模并不大，建筑风格多样化。

1948 年旧金山高速公路规划。对方格网秩序性的强调超越了自然地形

洛杉矶的天际线，密集的大厦构建起人工的"城市之山"

EPILOGUE

结　语

城市是协作生活中类型最高级也是最复杂的物质形式。(《城市文化》P.508)

从某种意义上说，建筑是城市的一种微观宇宙。

城市规划本身就是艺术。城市规划的艺术是宏观调控、微观精妙、整体布局的综合艺术。

城市规划是人类文明延伸的文化，是伴随人类寻求艺术与美的理想和心愿，实现生存与发展的空间的综合艺术。

人类文化，艺术与文明的进程，通过城市规划而扩充了文化艺术与美的容量。完美的城市规划是融自然、生态、环境、资源、人文、气象、功能为一体的超复合艺术，承载人类的使命。

城市规划是通过文化、艺术、科学来构建人类的精神高度，构建人类艺术感与自然生态生存空间的和谐的物质形式。

德国特里尔（Trier）古城的古罗马遗迹

希腊德尔菲的神谕

俯瞰希腊迈锡尼古迹

城市——一个新神

希腊城市具有一种真正的力量，它使人类的人格不致因其集体的成就而渺小萎缩。同时它充分利用城市的一切合作和交流手段。从来没有任何一座城市，无论它有多大，培养并包容了如此丰富的创造的个性，而雅典就做到了，并且持续了约一个世纪。(The City in History P.158)

实际上，到公元前6世纪时，一个新神已经占据了雅典卫城，并且以一种难以察觉的方式同原有的神祇结合在一起。这个新神便是城邦本身。(The City in History，P.155)

希腊城市的精神，凝聚了人的创造个性，在崇尚科学与艺术的基点之上，建立心态与生态的平衡。城市就是为此而应运而生的。

柏拉图在《法律篇》中讲得好，城市最大的灾祸"不是派别纠纷,而是人心涣散。"卫城是城邦的精神中心。而在公元前七世纪以后，卫城的最高建筑物已不再是城堡，而是神庙了。

神庙是城市神灵的家园。

雅典创造了对后世影响深远的文化遗产。伴随着城市的发展，人类职能和社会责任处于经常性的循环交替状态，每个市民都能充分参与到公共生活的每个方面，引发了一种新的城市经济与文化的发展。因为它开拓了那些精神和思想方面的处女地，这些领域以前几乎未曾被探索过。结果，不仅在戏剧、诗歌、雕刻、绘画、音乐、逻辑学、数学和哲学等方面涌现出许多思想和人才，而且城市的社会集体生活也空前的充满活力，富于美学表现和艺术价值。"古希腊人在短短的几个世纪里对自然界和人类潜能所作的发现，超过了古埃及人或苏美尔人在长长的几千年中的成就。所有的这些成就都集中在希腊城邦里，尤其集中在这些城市中最大的雅典城。"（The City in History，P.132）

雅典构成了人类理想居所的新神灵

公元前 356 年至前 323 年，古希腊的建筑师迪诺克拉底（Deinocrates）设计了亚历山大新城，约公元 330 年，建造了火葬设施。世界上这一地区的城市发展起始于克里特岛。

在科诺尔索斯，我们也能找到早期城市的核心——城堡，庙宇安排在宫殿里。这些住宅精巧的外形令人想到城市居住空间的古代完美高度，曾经有过精致的内装修，有供水排水管线，甚至有冲水厕所。[英国考古学家阿瑟·埃文斯爵士（Sir Arthur Evans，1851 — 1941 年）《米诺斯的宫殿》，The City in History，P.128]

古罗马遗迹至今仍屹立在城市之林

迈锡尼，希腊古城，青铜时代的文化中心，为希腊的雕刻奠定了物质和精神基础。希腊的雕刻塑造了人类和城市永恒的形象。公元前 650 年左右，铸币发明，推进了城市经济交流。

城市精神与艺术融为一体的永恒容器

"城市是靠记忆而存在的。"[爱默生（R.W.Emerson，1803-1882）] 依靠经久性的规划、建筑物和制度化的结构，以及更为经久性的文学艺术的象征形式，城市文化将过去的时代、当今的时代以及未来的时代联系在一起。

激励人们产生高贵目标的古罗马城市艺术品

城市的功能目的缔造了城市的结构，但城市的结构却较这些功能和目的更为经久。

在人类文明的链条中，城市是一种贮存信息和传输信息的特殊容器，是文化积累与传播的特殊容器。这种为着在时间上和空间上扩大人类知识的作用，便是城市所发挥的独特功能之一。一座城市的级别和价值在很大程度上就取决于这种功能发挥的程度。

"城市不只是建筑物的群集，它更是各种密切相关并经常相互影响的各种功能的复合体，它不单是权力的集中，更是文化的凝聚（Polarization）。"（The City in History，P.91）

意大利美丽岛，以其美丽的宫殿和壮丽的花园闻名

希腊克里特岛

巴黎圣母院的钟声

巴黎体现出的齐整感

考据人类城市发展史，"到公元前2500年，城市的全部特征已经形成，并且都在城堡范围内找到了相应的位置。而城市本身，作为一种不断的扩大和丰富着人类潜在能力的综合而有力的美学特征，已经开始显现出来。"（The City in History，P.96）

当城市作为一个永久性的容器，和一套能贮存和流传文明的各种内容的组织结构，成功的建立起来之后，城市作为一种形象可能流传得很广，并将自身的文化分解开来，由流动的人群传播开去，并在不可能形成城市的地区扎下根。城市的物质结构以及城市的精神文化脉络，将汇入宇宙的无限时空。

希腊城邦之所以在其发展阶段就十分著名，是因为城市精神与艺术融为了一体。同时，也"因为它将自己的全部城市生活都展示在外，让人观察，任人思考。"（The City in History，P.177）"从这种意义上说，古希腊人的思想是彻底解放的。"（The City in History，P.177）古希腊人崇尚阳光与大海的自由与明亮。

"在短短一代人的时间里，神的发展，自然的发展，以及人的发展，在雅典开始汇聚到一个共同点上来了。"（The City in History，P.177）它在不到两个世纪的时间里，在几百万人口之中产生了极其丰繁的人类天才的荣耀时代，这是任何一个历史时代都不可能比拟的，大约只有文艺复兴时期的佛罗伦萨除外。

希腊艺术的那些不朽之作，都是这一崇高时代城市生活的完美反映。人类精神的哲学与艺术高度，被定位在永恒的雅典卫城。

尽善尽美的观念，与自由明朗的思想，使人格处于很高的位置，人们按照理想形态建造规划城市，人类精神确信人类所掌握的能力。他们可以把城市本身当作一件艺术品那样规划设计建造。

城市规划：自然与空间中的共同理想

当我们从城市最初繁衍的大河流域继续考察爱琴海多山石的岛屿及巴尔干半岛的群山和广阔的平原地带时，首先会发现自然生态环境的变化要比基本的城市制度方面的任何变化都更为显著。人类的思想，包括城市规划与艺术的思想，与自然生态环境条件、人文与艺术资源必须高度完美和谐，才能有所创造，有所发展，达到时代和历史的高度。

尽管自然地理条件和人类的目的导致了城市外部形式上的许多变动，但城市规划还是要通过科学与艺术的平衡来延续城市的文化和生命。

一种理想所产生的物质形式往往比产生这种形式的原有理想存在得更久。人类发展无论在时间还是空间上，都获得了空前的环境，这是因为空间环境已经被艺术和象征形式浓缩了。"甚至当某种思想表现为某种人格形式时，这种人格形式的影响也不仅仅依赖于直接交流和模仿。为了完成自身的完整性，为了超出他自己一生及有限范围的局限，这个人还需要社会和环境的支持。城市的重要功能之一，还在于将个人的选择和设计化为城市建设，将各种思想转化为共同的习俗和惯例。"（The City in History，P.119）

城市规划，并不完全是人类生存和生活理念的翻版和还原，某种意义上还是人类艺术思想和科学精神的放大。

"在城市中，生活的韵律似乎是在物质化与灵妙化二者之间变换摇摆。坚硬的构筑物，通过人的感受性，却具有了某种象征意义，将主体同客体联系在一起；而主观的意念、思想、直觉等尚未充分形成时，也具备了实际构筑物的物质属性，其形体、地位、构成、组合以及美学形式，都扩大了意义与价值的范围，否则便会被淘汰。因而，城市设计就成了社会的物质化过程的极点。"（The City in History，P.119）

法国卡尔松鸟瞰

随着城市的演变与发展，"财富与人格"就日益成为城市繁荣背景下的时代课题，从古希腊到古罗马——尽管这不属于城市规划的问题。

城市是聚集财富与资源的。其中，艺术更是财富中的财富——艺术财富。按照资深学者和专家的理论研究，"如果说城市肢解了人的整体并强迫他在单一的工作中度过一生，那么，城市则又从一个新的集团实体上重新把人复原了；从而使得在单个的人显得狭窄枯燥的同时，由此编织成的城市整体却显得丰富多彩，因为编成了它用了各色各样的线。各种专门团体不仅在城市中得以充分发展，它们在城市的有取有舍的日常交流中还发现了人类潜在能力的伟大财富。"（The City in History，P.116）

运河带给阿姆斯特丹独特的城市性格

城市不仅是居住的空间，城市演变成了一个特殊的环境，而且创造着不同类型的人：这种新型的人，与其处于较狭窄环境中的同类相比较，更容易接受宇宙的现实，更容易超脱社会习俗的羁绊，"更能以同化旧的价值观而创造新的价值观，更能以作出新的决定，选择新的方向。"（The City in History，P.117）

终于，城市本身变成了思想与精神的竞技场，变成了科学与艺术的储藏器，变成了改造人类的阶梯。

意大利翁布里亚的斯卡佐拉（Scarzuola）小镇的城市剧场，由布齐（Tomaso Buzzi）按照理想城市的理念规划设计

虽然电梯电力的发明，使人类升高了居住生存空间的物质高度，然而，人的自我局限，依然是障碍自我发展的（当然这已逾越了城市规划的主题，这是社会学的领域里的课题了）。因为人类一直保持着"非局限化的状态"。人类进化是依靠文化艺术的，将其全部资本都投入文明进程。

因此，人类便发明了"城市规划与艺术"，使人的生命、生活、生存都进入一个更完美、更高级的状态，来延伸向宇宙空间——达到人类使命的最高境界和目标：艺术化生存。

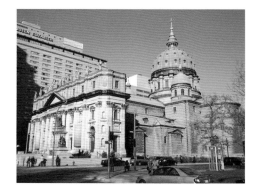

加拿大蒙特利尔

横滨 MM21 地区——在城市中展现梦想的平台

体现城市艺术感的法国尚蒂伊城堡

巴洛克思想的伟大胜利之一，是组织空间。它把空间相连续起来，把空间化为尺寸和等级，伸展空间的长度，包含极远的和极微小的地方，最后把空间与时间和运动联系起来。（The City in History，P.382）

巴洛克的空间引起运动、行进，以速度取胜，而巴洛克的时间缺乏尺度：它是瞬间至瞬间的连续。

"城市中多样化的自然的影响，以及组合后的复杂性和个性，实际上是抵消人类过度简单化的倾向的一种永恒的保证。通过这种方式，人类可以逃离对生活现实的机械化和虚假化。"（[法]Bergson，1859 — 1941 年）

我们以与祖先不同的心境来面对自然。也正是因为我们的文化已经达到了发展的更高级阶段，我们不应再满足于至今为止满足了城市自我需求的贫乏的环境理念。我们尊重自然的无限多样性。

迪拜——人类塑造独特城市个性的愿望的反映

REFERENCES

参考文献

Erwin Schrödinger，Nature and the Greeks and Science and Humanism.

Lewis Mumford，The City in History.

George J. Buelow，A History of Baroque Music，Indiana University Press，2004.

Uppsala stad C 40 A. Riksintresse för kulturmiljövården - Fördjupat kunskapsunderlag，Länsstyrelsen Uppsala län，2014.

Marian Moffett，Michael W. Fazio，Lawrence Wodehouse，A World History of Architecture，Laurence King Publishing，2003.

V.Hart, P.Hicks，Paper Palaces: The Rise of the Renaissance Architectural Treatise，1998.

S.Giedion，Space,Time and Architecture.

S.D.Amico，Spanish Milan - A City within the Empire，2012.

Raymond Unwin, Town Planning in Practice: an Introduction to the Art of Designing Cities and Suburbs, T.F.Unwin·London: Adelphi，1909.

E. H. Wouk，Marcantonio Raimondi, Raphael and the Image Multiplied，Manchester：Manchester University Press，2016.

Tessa Morison，Unbuilt Utopian Cities 1460 to 1900: Reconstructing their Architecture and Political Philosophy，London and New York：Routledge，2016.

Edmond.N.Bacon，Design of Cities.

Herman Margaret，From Berlin to Broadacres: Central European Influence on American Visionary Urbanism 1910—1935，CUNY Academic Works，2014.

Charles C.Bohl and Jean-Francois Lejeune，Sitte, Hegemann and the Metropolis: Modern Civic Art and International Exchanges，London and New York：Routledge，2009.

Camillo Sitte，L'Art de Bâtir les Villes.

Lewis Mumford，The Culture of Cities.

James H.McGregor, Venice from the Ground Up, The Belknap Press of Harvard University Press, 2008.

Annamaria Giusti, Cities and Regions of France: Strasbourg, Editions du Korrigan, 2002.

Thomas Hall, Planning Europe's Capital Cities: Aspects of Nineteenth-Century Urban Development (1st Edition), London: Routledge, 1997.

Alexander Mirkovic, Who Owns Athens? Urban Planning and the Struggle for Identity in Neo-Classical Athens (1832—1843), Cuadernos de Historia Contemporanea, 2012, vol. 34, 147-158.

朝日百科世界の美術 3，ルネサンス I,朝日新聞社，1981.

SOURCE OF FIGURES

主要图片来源

R.Martin.L'Urbanisme dans la Grèce Antique. Paris:Éditions A. & J. Picard & Cie, 1956.

Francois Collombet. Les Châteaux de la Loire. Sélection du Reader's Digest, 1993.

Kristina Krüger. Ordres et Monastères. H.F.ullmann, 2008.

G.Barosio. Flying High-Europe. White Star S.P.A.,2009.

P.Gugnard. Flying High-Paris. White Star S.P.A.,2007.

W.E.Wallace.Michelangelo. Universe Publishing ,2009.

L.Cascioli. Rome-Secrets and Mysteries of Art. ll Parnaso s.r.l.

Jean-Marie Oudoire. Les Cathédrales de Frabce. Éditions Minerva, Genève ,1998.

G.Valdés. Arte e storia di Pisa. Casa Editrice Bonechi ,1994.

Bonechi Books. Rome, Florence, Venice, Naples. Casa Editrice Bonechi , 2000.

F.Zöllner. Leonardo da Vinci-The Complete Paintings. Taschen GmbH , 2004.

Schätze ltaliens. Venedig-Kultur, Kunst und Geschichte. Edizioni Kina ltalia.

A.Giusti. Cities and Regions of France-Strasbourg. Editions du Korrigan,2002.

G.F.Moser. Salzburg-Stadt and Land. Colorama ,1997.

R.Cameron , P.Salinger.Au-Dessus de Paris. Robert W.Cameron and company , 1984.

朝日百科.世界の美術 Arts of the World.

颜宝臻.巴黎速写集.上海：上海人民美术出版社，2009.

属启成著.图片音乐史.

图书在版编目（CIP）数据

城市规划与艺术 / 颜亚宁著. - 北京：中国建筑
工业出版社，2017.11
ISBN 978-7-112-21322-1

Ⅰ．① 城… Ⅱ．① 颜…Ⅲ．① 城市规划—研究 Ⅳ.
①TU984

中国版本图书馆CIP数据核字（2017）第248807号

图书设计：徐晓飞

责任编辑：徐晓飞 张 明
责任校对：焦 乐 关 健

城市规划与艺术

颜亚宁 著

*

中国建筑工业出版社出版、发行（北京海淀三里河路9号）
各地新华书店、建筑书店经销
北京雅昌艺术印刷有限公司制版
北京雅昌艺术印刷有限公司印刷厂印刷

*

开本：965×1270毫米 1/16 印张：18 ¹/₄ 字数：536千字
2017年10月第一版 2017年10月第一次印刷
定价：198.00元
ISBN 978-7-112-21322-1
———————————
（31032）